二倍体马铃薯的耐盐碱性及耐盐形态性状的QTL定位

赵明辉　著

重庆大学出版社

内容提要

本书主要研究在离体条件下二倍体马铃薯的耐盐性评价及二倍体马铃薯耐盐相关形态性状的 QTL 分析;利用形态指标和生理生化指标评价二倍体马铃薯耐盐性,并筛选耐盐性评价结果准确且操作方便的耐盐性评价指标。同时,研究了二倍体马铃薯耐盐和耐碱的一致性,构建了二倍体马铃薯分子遗传图谱,对二倍体马铃薯耐盐相关形态性状进行了 QTL 分析。

本书可作为高等院校农林类专业的参考教材,也可作为从事作物耐盐传统育种和分子育种,以及耐盐生理机制等相关研究科技人员的参考用书。

图书在版编目(CIP)数据

二倍体马铃薯的耐盐碱性及耐盐形态性状的 QTL 定位 / 赵明辉著. -- 重庆 : 重庆大学出版社,2024. 7.
ISBN 978-7-5689-4668-1

Ⅰ. S532.1

中国国家版本馆 CIP 数据核字第 2024DA6451 号

二倍体马铃薯的耐盐碱性及耐盐形态性状的 QTL 定位
ERBEITI MALINGSHU DE NAIYANJIANXING JI NAIYANXINGTAI
XINGZHUANG DE QTL DINGWEI
赵明辉 著

策划编辑:杨粮菊

责任编辑:文 鹏　　版式设计:杨粮菊
责任校对:王 倩　　责任印制:张 策

*

重庆大学出版社出版发行
出版人:陈晓阳
社址:重庆市沙坪坝区大学城西路 21 号
邮编:401331
电话:(023)88617190　88617185(中小学)
传真:(023)88617186　88617166
网址:http://www.cqup.com.cn
邮箱:fxk@ cqup.com.cn(营销中心)
全国新华书店经销
重庆升光电力印务有限公司印刷

*

开本:720mm×1020mm　1/16　印张:13.75　字数:198 千
2024 年 7 月第 1 版　　2024 年 7 月第 1 次印刷
ISBN 978-7-5689-4668-1　定价:88.00 元

前　言

　　盐碱土是地球陆地上分布广泛的一种土壤类型,是土壤经过盐化和碱化两个过程形成的盐化土和碱化土的总称,全世界约有 1/4 的盐渍化土壤。同时,受厄尔尼诺和拉尼娜气候的影响,全球气温升高,海平面上升,加之工业污染和农业灌溉、施肥不当等人为因素的影响,土壤的次生盐渍化日趋严重。盐渍化已成为困扰和威胁农业生产的世界性难题,开发利用盐渍化土壤,提高土地利用率是农业生产和环境生态亟待解决的问题。

　　盐渍土改良的研究已有 100 多年的历史,主要采用物理方法、化学方法和生物学方法。物理方法就是采用一些物理的方法进行改造盐渍土,如采用灌溉排水系统,洗脱盐、松耕、压沙等方法,达到改良利用的目的;化学改良就是应用一些酸性盐类物质改良盐渍土的性质,降低土壤的酸碱度,增加土壤的阳离子代换能力,降低土壤的含盐量,增强土壤中微生物和酶的活性,促进植物根系生长。但是物理方法和化学方法副作用大,会带来二次污染,这两种措施的成本比较高。生物学方法就是直接在不能耕种的盐碱地上种植盐生植物或耐盐作物,这种方法可以避免物理方法和化学方法的缺点,可以获得经济效益,还可以使盐碱地经过种植得以改良,最后变成良田,达到利用和改良盐碱地的目的。对于作物育种工作者来说,进行耐盐相关基础研究,筛选耐盐种质资源、培育耐盐作物品种,是非常必要而且有重要意义的。

　　马铃薯是世界上继水稻、小麦和玉米后的第四大作物,是粮、菜、饲和工业原料兼用的主要农作物,也是盐中度敏感作物。一般生产上应用的是马铃薯普通栽培亚种的四倍体品种,普通四倍体栽培种亲本材料遗传基础狭窄,耐盐(碱)性较差,只利用四倍体马铃薯作亲本材料很难培育出耐盐(碱)性强的新品种。自然界中目前发现有 235 个不同倍性的马铃薯野生种和栽培种,其中大约有 74% 马铃薯为二倍体。这些二倍体中蕴含着非常有价值的基因,能够抵抗各种病虫害和不良环境的影响。二倍体野生种和原始栽培种是拓宽现有遗传资源背景和培育耐盐品种的重要种质资源,对经 12 次轮回选择适应长日照的原始二倍体栽培种富利亚(*Solanum phureja*,PHU)与窄刀薯(*Solanum stenotomum*,STN)杂种(PHU-STN)群体耐盐性的研究,具有重要的理论和实践意义。

本书共 8 章,主要内容包括:绪论,利用形态指标评价二倍体马铃薯耐盐性,利用生理生化指标评价二倍体马铃薯耐盐性,二倍体马铃薯耐盐性评价指标筛选,$NaHCO_3$ 胁迫对不同盐敏感型二倍体马铃薯的影响,盆栽盐胁迫条件下不同盐敏感型二倍体马铃薯的生理表现,二倍体马铃薯分子遗传图谱的构建及二倍体马铃薯耐盐相关形态性状的 QTL 分析。

著　者

2024 年 5 月

目　录

第 1 章 绪 论

1.1 盐胁迫对植物的影响

盐胁迫是影响植物生长的一个重要因素,高浓度盐会使植物减产,严重时植株会死亡。盐分几乎能够影响植物的重要生命过程,如光合作用、脂类代谢、蛋白质合成及植株生长等。

1.1.1 盐胁迫对种子萌发的影响

在植物生活史中,种子萌发是一个关键阶段,是抗逆性最弱的阶段,也是植物生长过程中重要的一环。种子发芽良好有利于后期幼苗生长,同时是获得高产的第一步。目前,虽然没有发现植物在萌发阶段和生长阶段之间的耐盐性有直接的联系,但植物出苗的前提是种子萌发。盐分逆境下的种子通常表现为生命力衰弱、胚芽、胚根等生长受抑,甚至停止萌发。苏永全和吕迎春认为,盐浓度影响种子萌发主要包括 3 种效应,即增效效应、负效效应和完全阻抑效应;低浓度盐能够促进种子萌发,随盐分浓度的升高,种子发芽率、发芽指数和活力指数均降低,盐浓度过高时,种子萌发受到抑制。

郭望模等研究表明,随着 NaCl 浓度增加,种子开始发芽的时间推迟、发芽过程延长、发芽率降低。张秀玲以山东德州一年生野大豆为材料,研究 NaCl、

Na_2SO_4、Na_2CO_3 及三者的混合盐的胁迫对野大豆种子的发芽率、发芽势、发芽指数及胚生长的影响。随着盐浓度的增加,野大豆种子的发芽率、发芽速度、发芽指数均呈下降趋势,而低浓度的 Na_2SO_4(10~50 mmol/L)、Na_2CO_3(0~10 mmol/L)促进种子萌发,高浓度的 NaCl(>200 mmol/L)、Na_2SO_4(≥200 mmol/L)、Na_2CO_3(≥75 mmol/L)抑制种子萌发;10 mmol/L Na_2SO_4 处理下,其胚根和胚轴长度都大于未经过盐处理的,低浓度的盐分促进了胚根和胚轴的生长。结果表明,低浓度盐促进了野大豆胚的生长,且野生大豆的胚根对盐分比胚轴更敏感。商丽威等研究了不同浓度的 NaCl 和 Na_2SO_4 对玉米杂交种子郑单 958 和丹科 2162 发芽的影响,结果显示,中低浓度的不同盐分均可以使玉米种子萌发,只有高浓度的盐分才能明显地抑制玉米种子萌发,但不同浓度的不同盐分都能显著抑制萌发种子的生长,并且 NaCl 对玉米种子萌发和生长的抑制要大于 Na_2SO_4。牛彩霞等研究发现,3 种钠盐 NaCl、Na_2SO_4 和 $NaNO_3$ 均可抑制辣椒种子的萌发,其发芽率、胚根长、活力指数等萌发指标随盐浓度的增加而降低。

以上研究表明,不同植物种子的萌发对盐胁迫呈现出不同的表现,有些植物可以耐受低浓度的盐胁迫,甚至有些植物种子在低盐胁迫下会加速萌发。

1.1.2 盐胁迫对植物生长发育的影响

在盐胁迫下,盐由根系进入植物体内,其中一部分会随营养物质一起向植物地上部分输送,从而影响茎叶等器官的生长,胁迫后地上生物量的变化是直接表现。

对普遍的非耐盐植物,盐胁迫对其植物生长表现出明显的抑制作用。整体表现为抑制了植物组织和器官的生长,加速了发育进程,使营养生长期和开花期缩短。植物在盐逆境中几分钟后,生长速率下降,下降程度与根际渗透压成正比。初期盐分胁迫使植物叶面积扩展速率降低,随着盐分含量的增多,植物叶面积不再增加,叶、茎和根的鲜重及干重开始下降,马铃薯试管苗的芽长、根长、生物量显著下降。随着盐浓度的升高,小麦株高、根长减小,叶片数减少,春小麦根系受伤害比地上部分更严重,而盐胁迫对饲料酸模和苇状羊茅地上部生长的抑制大于对根的影响。盐分胁迫下,棉花的叶片变软、颜色变暗、功能期缩短,侧根发生少,出叶速度变慢,生长势下降,果枝数、现蕾数、开花数、结铃数均减少。盐胁迫对谷子幼苗的影响显著,表现为相对根长和芽长均随着盐胁迫浓度的增大而增强,其中根对盐胁迫的反应较芽更敏感。郭茜茜等的研究表明,在 50 mmol/L、100 mmol/L 和 150 mmol/L 钠盐胁迫下低辣度品种特大甜椒王的株高和茎粗生长均受到了抑制,且随着胁迫时间的延长抑制性表现得越来越明显。黄洁等研究发现,盐胁迫下各个品种粳稻种子的株高、根长、地上部和地下部分的干物质量均降低,盐浓度越高,降低幅度越大。在盐胁迫条件下,野生品种和栽培品种的高粱种子生长表现出明显的抑制。

对某些非耐盐植物和绝大部分耐盐植物,表现出低盐胁迫可以促进其生长,而高盐胁迫表现出抑制作用。但不同植物和不同部位的表现不一致。例如,白茎盐生草的平均株高和紫花苜蓿苗高、根长和全株长均呈现随盐胁迫浓度的增加呈现先升高后降低的趋势。湖南稷子幼苗株高、根长和地上部干重随盐胁迫浓度的增加呈先升高后降低的变化趋势,而植株鲜重干重比、植株含水量和根干重则呈逐渐降低的变化趋势。中低浓度的钠盐胁迫在一定程度上可以促进高辣辣椒株高和茎粗的生长,但是随着胁迫时间的延长,这种促进效果表现为越来越弱。藜科植物藜和灰绿藜生长均受中度盐分胁迫(100～150 mmol/L)的促进,高度盐分胁迫(>200 mmol/L)下才受抑制。

1.1.3　盐胁迫对植物光合作用的影响

叶片是植物进行光合作用的主要器官,也是与外界环境进行物质和能量交换的主要器官,叶片对生境条件的反应最为敏感。盐胁迫最初造成植物叶片失绿、叶面积扩展速率降低,随着含盐量的增加,叶面积停止增加,叶尖叶缘焦黄,叶柄变软并逐渐死亡。盐分可能会通过减少单株植物的光合面积而造成植物碳同化量的减少。盐胁迫影响植物叶片显微结构的变化主要集中在表层结构的变化,其中,栅栏组织、皮层薄壁组织和海绵组织的加厚是盐生植物和盐胁迫下植物发生较为典型的表层结构的变化。盐分会增加豆类叶片的表皮厚度、棉花叶片的表皮厚度、叶肉厚度、栅栏细胞长度、栅栏细胞直径和海绵细胞直径。相反,红树植物和小花鬼针草叶片中,表皮和叶肉的厚度及细胞间隙会随 NaCl 处理水平的升高而迅速减小。Bressan R. A. 等报道了盐胁迫条件下烟草细胞壁有明显的增厚现象,耐盐型柑橘也发现了相同的结果,这可能是植物细胞在外部高盐环境中的适应性变化。

总之,盐胁迫会抑制植物的光合作用,并且抑制程度与盐胁迫浓度呈正相关,盐浓度越大,胁迫处理时间越长,抑制越明显。随着盐胁迫浓度的升高,研究人员对水稻、番茄的研究表明,叶片的叶绿素 a 含量、叶绿素 b 含量、总叶绿素含量、净光合速率、气孔导度、原初光能转换效率均呈下降趋势;黄瓜叶片光合速率逐渐下降。华春和王仁雷对水稻的研究也得到了相同的结果。汪贵斌和曹福亮对落羽衫的研究结果表明,叶绿素含量呈下降趋势。Key 和 Pant 研究表明,NaCl 胁迫可以破坏叶绿体结构,使叶绿素含量下降,造成植株光合能力减弱。柯玉琴和潘廷国对甘薯叶片进行 NaCl 胁迫的试验中也验证了这一结论。张俊莲等认为,随着盐胁迫浓度升高和时间的延长,马铃薯试管移栽苗叶绿素含量、光合速率、气孔导度均极显著地下降。付艳等研究表明,玉米盐敏感系和耐盐系的叶绿素含量均随 NaCl 浓度的增加而逐渐降低。耐盐系黑玉米的叶绿素含量明显高于盐敏感系黄早四的,下降幅度小于黄早四,说明叶绿素含量与玉米苗期耐盐性密切相关,耐盐系的叶绿素含量受盐胁迫影响较小。

1.1.4　盐胁迫对植物蛋白质合成的影响

蛋白质是生命的物质基础。王毅等认为植物细胞蛋白的变化主要表现在可溶性蛋白和酶类的变化上。在植物细胞的可溶性蛋白中,有相当一部分是具有特异性作用的调节代谢的酶;另有一些可能起脱水保护剂的作用,给细胞内的束缚水提供一个结合衬质,以增加植物组织束缚水含量,从而使细胞结构在脱水时不会遭受更大的破坏。盐分破坏植物体内蛋白质的合成,使体内积累的氨过多,氨的存在对植物体是有害的。盐分使叶绿体内的蛋白质合成受到破坏,叶绿体内蛋白质的数量减少,叶绿体与蛋白质的结合削弱,叶绿体趋向分解。此外,过多的盐分抑制蛋白质合成而促进其分解,抑制的直接原因可能是破坏了氨基酸的合成。

李妮亚等的研究表明,在盐分胁迫下,植物体内正常的蛋白质合成常会受到抑制,但是往往会诱导出一些新的蛋白或出现原有蛋白质含量明显增加的现象。植物可以通过增加可溶性蛋白的合成,直接参与适应逆境的过程,可溶性蛋白的合成对其适应不利的环境条件具有积极意义。李晓燕等研究发现,蚕豆在盐胁迫下叶内半胱氨酸和蛋氨酸合成减少,从而使蛋白质含量减少。方志红和董宽虎的研究结果表明,随着 NaCl 质量分数的增加,碱蒿幼苗的可溶性蛋白含量呈先升高后降低的趋势。李彩霞等研究结果表明,可溶性蛋白的含量随着盐胁迫的加剧而增加。王玉凤研究表明,玉米幼苗通过增加可溶性蛋白含量来适应盐胁迫。任文佼等研究表明,随着盐浓度的增加,不同种源籽蒿的叶片可溶性蛋白质量分数都减少了,很可能是可溶性蛋白在逆境中分离为游离的氨基酸,用来合成脯氨酸等其他渗透调节物质。Elshintinawy 和 Elshourbagy 的研究表明,小麦经 NaCl 处理后,26 kD 蛋白含量升高,13 kD 和 20 kD 蛋白含量下降,而 24 kD 蛋白则完全消失。Parida 等研究表明,小花鬼针草中分子量为 17 kD、23 kD、32 kD、33 kD 和 34 kD 的蛋白条带数量减少,且蛋白条带减少的数量与 NaCl 处理的浓度相关。其中,23 kD 的多肽最具代表性,它在 400 mmol/L NaCl 处理 45 d 后会完全消失。而当盐胁迫处理消失时,该蛋白条带会重新出现。以上结果表明,在这些物种中,盐胁迫条件下,多肽可能参与了渗透调节。研究也表明,盐胁迫使拟南芥根中的蛋白质表达模式发生变化,G 蛋白/小 G 蛋白偶联受体与胞外盐胁迫信号结合,进而调节细胞内 Ca^{2+} 信号通路,G 蛋白、小 G 蛋白和钙调蛋白的表达丰度也发生改变。对盐胁迫下栽培突尼斯葡萄的研究表明,

48 种蛋白质的表达在胁迫后发生了变化,包括 32 种上调、9 种下调及 7 种新蛋白。在盐胁迫处理的水稻中,GTP 结合蛋白、β 亚基蛋白、铁蛋白、果糖二磷酸醛缩酶、光系统放氧复合物蛋白及增强蛋白、超氧化物歧化酶等表现上调趋势。

1.1.5　盐胁迫对植物脂类代谢的影响

脂质是生命有机体中一类难溶于水而易溶于氯仿、醇、醚等非极性有机溶剂的重要化合物。脂质不仅是生物膜的主要成分,还在能量转换、碳储备、信号转导以及胁迫应答等方面发挥着不可估量的作用。脂质构成细胞双分子层结构,可以使其成为整个生命有机体中的子单元,并相对独立于外部环境。脂质作为疏水介质,可以提供实现膜蛋白的功能并与其相互作用的场所。另外,脂质可以参与并调节多种生命活动,对很多生理胁迫的耐受有很重要的作用。在逆境胁迫下,脂质代谢是植物响应胁迫的重要方式。例如,在高盐、干旱以及低温胁迫下,作为第二信使的磷脂酸可以快速积累,以调节气孔、骨架重排和囊泡运输等多种细胞过程。

盐胁迫下细胞膜中脂肪酸的变化与植物耐盐性密切相关。膜脂中较高的不饱和脂肪酸含量能保持膜的正常流动性,以抵御盐胁迫对植物的伤害。Muries 等发现西兰花的根可以通过增加不饱和脂肪酸的含量和膜脂不饱和度,以降低膜脂的受损程度,提高了耐盐性。随着胁迫程度加强,细胞膜脂会出现脱脂反应或膜脂过氧化,损伤膜蛋白及膜脂结构,最后干扰细胞膜的正常生理功能。很多生物(包括蓝藻在内)对各种生理胁迫的耐受性,脂类起到了非常重要的作用。Kerkeb 等的研究表明,从抗 100 mmol/L NaCl 番茄愈伤组织中分离的质膜囊泡中磷脂和固醇含量较高,磷脂/游离固醇较低,磷脂脂肪酸不饱和指数较低。Hassanein 的研究表明,不饱和脂肪酸能够消除水分胁迫和盐胁迫的伤害。在低浓度 NaCl(小于 45 mmol/L)条件下,花生中脂类含量会增加,而在高浓度盐条件下,含量会降低。另外,Wu 等的研究表明,NaCl 胁迫下,盐沼草根部质膜中,脂类的成分会发生改变,而且固醇和磷脂的摩尔比会随着盐浓度的升高而降低。在含盐培养基中,醣脂类在脂类中的比例显著提高,而磷脂酰胆碱和磷脂酰乙醇胺的含量降低。

1.2 盐胁迫对植物伤害的机理

土壤中盐分过多对植物造成的伤害称为盐害。植物受到盐害时的表现主要有发芽延迟、发芽率降低、生长缓慢、早衰甚至死亡,最终导致生物量下降,对农作物则最终导致农产品产量下降甚至绝收,同时会影响产品的品质。为了减轻盐害,有必要了解盐害的过程即盐害机理。一般将盐害分为原初盐害和次生盐害。原初盐害是指盐离子本身对植物的伤害,即离子胁迫导致的伤害,它可以分为直接盐害和间接盐害,前者伤害细胞质膜,破坏质膜选择透性;后者干扰植物各种代谢过程。次生盐害包括由土壤中盐分过多引起的渗透胁迫和离子间的竞争引起的营养亏缺。

1.2.1 离子毒害

离子的毒害是盐分本身对植物产生的一种危害,是由离子竞争性吸收造成植物体内离子平衡失调所致。当土壤中某种离子浓度过高,植物就会过多地吸收该离子而减少其他离子的吸收,从而造成某种离子在体内积累而使植物受害。一般具有竞争性吸收的离子有 Na^+ 与 K^+、Na^+ 与 Ca^{2+}、HPO_4^{2-} 与 Cl^- 和 SO_4^{2-} 等。

当土壤以一两种主要离子存在,并且浓度较高时,土壤溶液中离子就会不均衡,产生某种单一离子的毒害作用,称为单盐毒害作用。盐胁迫下,钠离子在细胞内过量积累,大部分植物生长受到抑制,过多的钠离子能导致植物细胞膨压变化,破坏了质膜选择性透性,使细胞内离子大量外流,影响部分酶的结构和功能,使细胞的新陈代谢紊乱。盐胁迫下,植物细胞内 Na^+ 含量增加,而 K^+ 外渗，Na^+/K^+ 比值增大，原有的离子平衡被破坏，当 Na^+/K^+ 比值增大到一定临界值时，植物就会受离子毒害。另外，盐胁迫下，植物对 Cl^- 的吸收比吸收 Na^+ 快得多，并且能够迅速将 Cl^- 运输到地上部，最终由于 Cl^- 离子的积累而产生离子毒害。只有土壤中的离子浓度很小时，植物细胞内的很多种酶才会具有活性，生长在盐渍化土壤中的植物，土壤中过量的 Cl^- 和 Na^+ 会进入细胞内，使细胞原生质凝集、叶绿体被破坏、蛋白质合成受到影响、蛋白质水解作用加强、氨基酸积累，积累的氨基酸在细胞中转化为丁二胺、戊二胺以及游离胺，当积累到一定量时，细胞就会中毒而死亡。

盐胁迫下，苹果砧木小金海棠叶片和根系中 Na^+ 均随盐浓度的升高而迅速增加，但叶片中增加幅度明显小于根系中的增加幅度，而 K^+ 含量变化不明显。NaCl 处理的沙枣叶片积累 Na^+ 水平随外界盐浓度增大而提高，K^+ 的含量略低于对照。生长在盐胁迫下的酸橙植株叶片主要离子紊乱，表现在 Na^+ 与 Ca^{2+} 对细胞壁上离子位点的竞争，过多的 Na^+ 会抑制对 Ca^{2+} 的吸收。NaCl 处理增加了柑橘叶片中 Na 和 Cl 元素的质量分数，降低了 Ca、Mg 和 K 元素的质量分数。Cl^- 虽然是植物必需的微量元素之一，但在盐胁迫下其含量远超过植物正常生长所需。盐胁迫所造成的离子毒害也包括 Cl^- 毒害。有研究表明，大豆在盐胁迫中所受的 Cl^- 毒害甚至大于 Na^+ 毒害。Cl^- 是主要毒害离子，随着土壤浓度的提高，银杏、石榴、葡萄、桃和猕猴桃等落叶果树地上和地下部 Cl^- 的浓度增加，但不同树种的表现差异明显。

1.2.2　离子胁迫对膜的伤害

细胞膜是受逆境胁迫最敏感的部位之一，盐胁迫下细胞膜脂过氧化加剧，是引起膜伤害的重要原因。膜脂过氧化的主要产物丙二醛积累，一般认为是活性氧毒害的表现，它的含量高低是判断膜脂过氧化程度和对盐胁迫反应强弱的一个重要指标。在盐胁迫下，细胞膜损伤与质膜透性增加是盐伤害的本质之一。

离子胁迫会使细胞质膜的透性增加。当细胞外的盐浓度增大时，NaCl 可以置换质膜和细胞内膜系统所结合的 Ca^{2+}，使膜内 Na^+/Ca^{2+} 浓度比值变大，从而使细胞膜结构的完整性以及膜的功能发生变化，促使细胞内有机溶质及 P、K^+ 等电解质外渗。郇树乾等研究了 NaCl 胁迫对刚果臂形草幼苗的影响，结果表明，盐胁迫下质膜透性增加。时丽冉和杜军华的研究表明，当用浓度不同的 NaCl 和 Na_2CO_3 胁迫处理玉米幼苗时，根系大量的电解质外渗，随胁迫处理浓度的增大和处理时间的延长，电解质外渗量增多。

离子胁迫能加快膜质过氧化的速度。盐胁迫下，膜受盐害的主要原因是膜脂过氧化作用，发生膜质过氧化主要是因为植物的光能利用和 CO_2 同化受到抑制，使活性氧的生成和脂质过氧化得到促进。朱小军等的研究表明，在盐胁迫下，水稻和小麦的幼苗叶片细胞膜渗透率增大，膜质过氧化产物的含量增加，且两者呈极显著正相关。龚明发现，盐浓度高时，细胞膜的透性增大，并且脂质过氧化作用加快，最终质膜系统被破坏。

离子胁迫改变膜质组分。在研究葡萄的耐盐性时，Kuiper 发现，耐盐性与盐分的吸收、盐分的运输和根茎组织中类脂化合物密切相关。根茎组织中，单半乳糖基甘油二醇和双半乳糖基甘油二醇的含量与耐盐性呈负相关。Muller 和 Santarius 用 NaCl 胁迫处理大麦幼苗，他们发现叶绿体被膜和类囊体膜脂含量发生变化，类囊体膜中的 MGDG、DGDG 和 PC 的含量下降。去除 NaCl 胁迫 1 d 后，膜脂中各组分含量可以恢复到对照水平。Lin 和 Wu 的研究表明，盐胁迫使质膜磷脂含量和蛋白质含量降低，使脂肪酸的组分以及饱和程度发生改变。

1.2.3　矿质元素缺乏

植物正常的生长发育需要一定量的各种矿质元素，当土壤中的 Na^+ 和 Cl^- 含量过高时，会通过改变土壤环境，影响土壤营养对植物的有效性、根系对营养的吸收和促进离子间的拮抗作用，从而引起另一些营养元素的缺乏即营养胁迫。矿质元素缺乏是盐生环境中植物生长最重要的限制因子之一。盐胁迫条件下，盐离子会与植物吸收的其他营养元素竞争,使植物的矿质元素缺乏,打破体内离子平衡,植物正常的生长发育受到严重影响。

盐离子中,对植物危害较严重的离子,一般为钠离子和氯离子,它们易破坏植物体内的离子平衡。当作物吸收了过多的钠离子和氯离子时,就会抑制其对钾离子和钙离子等其他元素的吸收,盐胁迫下,许多作物体内的钾离子和钙离子含量下降,导致作物缺乏钾和钙而生长发育受影响。钠离子与钾离子之间存在竞争吸收,当钠离子的浓度升高时,钾离子的吸收就会减少。盐胁迫会造成钙离子的营养缺乏,其主要原因是钠离子和钙离子对细胞壁上的离子位点有竞争作用,高浓度钠离子会抑制钙离子的吸收。钙离子是大量元素之一,具有维持细胞的选择透性,限制细胞内溶质外渗的作用,缺少后导致营养不良及质膜透性增加。另外,钙离子的缺乏会使信号传导途径受到破坏。

盐胁迫会影响植物吸收氮元素,主要是因为钠离子和硝酸根存在吸收竞争,而硝酸根是土壤中氮元素的主要存在形式,钠离子浓度的升高会抑制磷元素和钙元素的吸收。盐胁迫使大麦等作物中钠离子和氯离子的含量增加,钾、钙、硝酸根离子和无机磷的浓度降低,NaCl 降低玉米对镁和铁的吸收,盐分可通过抑制 N、P、K、Ca、Mg 等矿质元素的吸收而表现在整株水平上。据苏国兴报道,在胁迫下,桑树幼叶和老叶的 P 含量分别下降 13.38% 和 10.31%。实验表明,NaCl 降低玉米对镁和铁的吸收,由于这两种元素都是叶绿素合成的必需营养元素,所以两者的缺乏都导致叶片失绿,光合作用速率下降,从而抑制植物生长。盐土植物总是伴随锌的缺乏,导致色氨酸合成酶活性减弱,进而影响 IAA 合成而使植物生长受阻。

1.2.4 渗透胁迫

盐分胁迫与水分胁迫密切相关,两者均使植物吸水困难,甚至引起植物体内水分外渗,这就是渗透胁迫,渗透胁迫是最早提出并且最盛行的植物盐害机理。土壤溶液水势会因为盐分浓度很高而下降。当土壤溶液水势接近或低于根细胞水势时,根系吸水就会变得困难,甚至发生水分外渗,导致细胞原生质体失水收缩直至死亡,这是作物在盐碱土中出苗率低且生长差的主要原因之一。据 Mohammed 和 Sen 报道,盐碱土环境下,植物种子发芽变慢主要是由于渗透胁迫作用,将其移至正常环境下,发芽速度加快,发芽率升高。盐分浓度过大时,高浓度的盐离子会使土壤水势降低,形成对细胞的渗透胁迫,致使植物其他生理代谢紊乱,生长过程受到阻碍,甚至死亡。一般植物在土壤含盐量为 0.20% ~ 0.25% 时,就引起盐分胁迫,高于 0.40% 时,就外渗脱水,吸水困难,植物生长异常,植株矮小,叶小暗绿,呈干旱缺水状。即使植物能够吸收水分和离子,但当根系向叶片输送的盐分大于叶肉细胞对离子的吸收时,盐分在细胞壁中积累,也会导致细胞失水,加速衰老或死亡。

1.3 植物避盐和耐盐机制

1.3.1 植物避盐机制

植物受到盐胁迫时,会采取各种应激反应来躲避盐离子的伤害。如果不能及时地把细胞内盐离子的浓度降低到植物可以忍耐的程度,植物便会枯萎夭亡。植物避盐的方式主要分为稀盐、聚盐、泌盐和拒盐。

(1)稀盐作用

植物通过不断生长增加薄壁细胞组织,使细胞质膨胀,增大细胞壁伸展度等和根系吸水对盐离子进行稀释。在生长过程中不断形成新的有机物质并大量吸收水分,使生长在盐渍条件下的植物体内盐浓度不会增大,从而保证植物体内始终保持低盐浓度的水平,以避免盐分的伤害作用,使植物得以正常生长发育,如禾本科的小麦等。

(2)聚盐作用

聚盐作用是指借细胞内特化的原生质,把那些根系吸收的盐分排入盐泡,同时,它们能抑制盐分从液泡里扩散,即不让盐分再回到原生质里去。这类植物能使 70% ~80% 的盐分进入液泡中储存起来,从而降低细胞质内盐离子水平,使其免受盐害。盐泡使细胞有很高的渗透势,植物在盐分较多的盐渍土中,能吸收大量的水分与养料。这类植物多表现为营养器官肉质化,如盐地碱蓬等。

(3)泌盐作用

盐生植物吸收了盐分,并不在体内积存,而是通过特异机构盐腺和盐毛等主动地排泄到茎叶表面,而后冲刷脱落,是盐生植物最常用的形式,防止体内过量 Na^+、K^+、Cl^- 等离子的积存。非盐生植物没有盐腺结构,它不可能通过盐腺进行泌盐,如禾本科的互花米草。

(4)拒盐作用

拒盐作用是依靠植物细胞质膜对盐的不透性,阻止盐分进入植物体或进入植物体内后进行重新分配。拒盐作用除了依靠质膜对盐的不透性或利用其他方式阻止盐分向地上部分转移外,其根部的根茎木质薄壁细胞及叶片薄壁细胞会分化成传递细胞,前者可从木质部导管中重新吸收运回根部,后者可将营养物质运到根部,即"脉内再循环"。

植物拒盐机制主要涉及以下 3 个过程:①吸收的 Na^+ 在木质部中向上运输过程中,被再次分配到韧皮部中运回根部,然后排到环境中;②作物根系不吸收 Na^+,即使有 Na^+ 进入细胞内,也会通过质子泵将其排出细胞外;③作物把吸收的 Na^+ 储存于根、茎的基部、节和叶鞘等的薄壁细胞中,从而阻止了 Na^+ 向叶片的运输。例如,维管组织细胞对 Na^+ 的积累作用,使大豆茎能从木质部汁液中强烈吸收 Na^+;在 100 mmol/L NaCl 胁迫 7 d 时,高粱的根和茎基部木质部液中 Na^+ 含量比穗轴木质部液中的 Na^+ 含量高十几倍;不同耐盐品种拒盐的部位也有差异,氯化钠处理引起小麦干重下降。感盐品种拒 Na^+ 能力为 5% 左右,而耐盐品种拒 Na^+ 能力为 50% ~60%。感盐品种拒盐主要部位是根茎结合部,而耐盐品种的拒盐部位主要在根部。

拒盐是相对的,植物细胞内均含有一定量的盐离子。虽然将盐分排斥于植物体外,可以使胞内的生理活动不受盐离子的直接毒害,但是仅依靠合成有机物质,很难维持细胞内的低水势,并与外界的胁迫相抗衡。过多合成有机渗透调节剂,势必大大减少用于生长的营养来源,对植物生长十分不利。通过拒盐方式很难使植物获得显著的耐盐性。与植物的拒盐机制紧密联系的是植物对无机离子的选择性吸收,尤其是对 Na^+ 和 K^+ 的选择性吸收。Na^+ 可被 K^+ 代替被植物吸收,同样的机制对 K^+ 似乎也是适用的。许多植物的延伸组织中含有较高浓度的 K^+,可能与该植物的抗盐性有很大关系。盐胁迫条件下,耐盐品种根系吸收 K^+、Ca^{2+},向地上部分运输选择性增加,而 Na^+ 向地上部分运输选择性下降,这主要表现在 NaCl 胁迫下根系 $Na^+/K^+(Ca^{2+})$ 与地上部分 $Na^+/K^+(Ca^{2+})$ 含量比值明显增加,而感盐作物则相反。耐盐作物在叶片中一般 Na^+ 含量较低,而 K^+、Ca^{2+} 含量较高,而根中 Na^+ 含量较高,盐敏感作物则相反。

1.3.2　植物耐盐机制

植物通过不同生理途径"忍受"盐分对它们的胁迫而不致受到伤害,以维持其正常生理活动,这种对盐分胁迫的适应性就是植物的耐盐性。植物的耐盐机理可主要从以下几个方面进行解释。

1)渗透调节

在盐胁迫下,细胞外的水势低于胞内,细胞不仅不能吸收到水分,而且内部水分会向外倒流,引起细胞的失水。为保持胞内的水分,维持细胞正常的生理代谢,细胞通过渗透调节,降低胞内水势,使水分的跨膜运输朝着有利于细胞生长的方向流动。渗透调节一般由无机离子和有机物质共同完成。细胞从外界吸收无机离子来降低胞内的渗透势,细胞自身还会合成一些有机小分子物质作为渗透调节剂。在有机渗透调节剂和无机离子共同作用下,细胞内的水势低于外界水势,外界水分会沿着水势梯度向内流入胞内,从而保证一系列生理活动的需要。植物进行渗透调节的方式通常有以下两种：

（1）吸收和积累无机离子

例如，吸收和积累钠离子、钾离子、氯离子、钙离子、镁离子、硝酸根离子等，但是这几种离子在不同的植物中所占比例不一样。这一方式普遍存在于盐生植物和一些栽培植物中，不同的植物对离子的选择性不同。一些植物选择吸收钾离子而排斥钠离子，一些植物选择吸收钠离子而排斥钾离子。Hajibagheri 等报道，一些非盐生植物体内积累了大量的 K^+，其抗盐能力显著提高。虽然无机离子能够降低细胞的渗透势，使细胞获得充足水分，但是高浓度的无机离子会直接伤害细胞的生理系统。大多数研究表明，细胞吸收无机离子后，大部分将其运进了液泡，并将其与细胞质隔离开来。细胞质面临着外界环境和内部液泡的双重胁迫，细胞质主要通过合成有机亲和性物质来平衡内外渗透胁迫。Saiz 和 Leidi 研究发现，高地棉花成熟叶片中的 Na^+ 浓度高达 200 mmol/L 促进了棉花的渗透调节，使叶片在盐生环境下保持生长态势。另外，有许多研究表明，植物吸收 K^+ 作为主要渗透调节剂，如 Hajibagheri 等报道一些非盐生植物体内积累了大量的 K^+，抗盐能力显著提高。

（2）合成和积累有机物质

例如，合成和积累脯氨酸、可溶性糖、游离有机酸、游离氨基酸、甜菜碱、甘油醇、松醇、山梨糖醇及一些多糖有机分子物质。这些有机物质能够降低细胞内的水势，提高作物的吸水能力，但它们自身不会对植物细胞造成伤害。在正常生长条件下，这些小分子物质含量均很低，只有在盐胁迫等逆境条件下，合成反应被激活，含量升高。不同植物合成积累的有机亲和小分子物质不同。例如，一些重要的农作物如水稻、马铃薯、西红柿等体内就没有甜菜碱的合成。Aubert 等利用同位素示踪法，确定了脯氨酸在细胞质和液泡中均有分布，但脯氨酸在细胞质中的浓度要比液泡中的浓度高得多。在 NaCl 和 Na_2SO_4 胁迫下，随着盐胁迫浓度的增加，玉米叶片的有机渗透调节物质含量均增加，脯氨酸、可溶性糖等这些有机物质的合成和积累，对提高细胞液浓度、降低胞内渗透势、维持膨压、提高细胞保水能力、保护酶的活性、维持细胞膜稳定性、维持气孔开放、使光合作用正常进行等,具有非常重要的作用。

2)离子区域化

无机离子的运输和区域化与植物的渗透调节密切相关。一般情况下,盐生植物将无机离子通过跨膜转运进入液泡中而与细胞质隔开,这样不但整个细胞的渗透势降低了,而且使细胞质免受离子的毒害。很多非盐生植物则不然,它们一般尽量减少吸收有害盐离子,同时将已吸收的盐离子输送到较老的组织,以此作为盐离子的储存库,以牺牲老化组织为代价,来保护幼嫩组织。通过将 Na^+ 区域化到液泡的方式,可以减少盐离子对盐生植物的毒害,Na^+ 在液泡中积累,一方面可以使过多的 Na^+ 离开细胞质,以此减轻对细胞质中酶和膜系统的伤害;另一方面植物可以将积累在液泡中的 Na^+ 作为渗透调节剂,降低水势,以利于植物从外界环境中吸收水分。Kishor 等将外源脯氨酸合成的关键酶基因转入烟草中,烟草里的脯氨酸含量显著提高,且大部分积累于细胞质中。对于整个细胞而言,脯氨酸浓度显得相对较低,因为液泡中的渗透势没有得到有效调节。

3)抗氧化酶的诱导

盐胁迫的过程是非常复杂的,而且对各种生理代谢活动进行渗透调节,引起植物严重水缺乏,这种水缺乏导致活性氧的形成,如超氧化物、过氧化氢、羟基、氢氧基、活性氧自由基和氧气等。植物在长期的进化过程中形成了能够清除活性氧的保护机制,其中最为重要的为清除活性氧的酶系统和非酶系统。清除活性氧的酶系统主要包括超氧化物歧化酶(Superoxide dismutase,SOD),过氧化氢酶(Catalase,CAT),过氧化物酶(Peroxidase,POD),抗坏血酸过氧化物酶(Ascorbate peroxidase,APX)和谷胱甘肽过氧化物酶(Glutathione peroxidase,GPX)等。

超氧化物歧化酶(SOD)作为植物抗氧化系统的第一道防线,它催化 $O_2^{\cdot-}$ 转

化为 O_2 和 H_2O_2 的反应。研究表明,盐胁迫条件下,随着 $O_2^{\cdot-}$ 积累量增加,SOD 活性可相应增强。H_2O_2 对植物细胞依然是有毒害作用的,并被进一步分解为 H_2O。

过氧化物酶(POD)是一种具有较强适应性的酶,在植物细胞内分布广。POD 催化的反应式为:$H_2O_2+R(OH)_2 \rightarrow 2H_2O+RO_2$。前人研究表明,在短期低程度胁迫可诱导 POD 活性的上升以清除植物体内过量 H_2O_2,减轻 H_2O_2 积累对植物的生理伤害。但长期高浓度胁迫可使 POD 活性降低。

过氧化氢酶(CAT)可直接催化 H_2O_2 分解,反应式为:$H_2O_2+H_2O_2 \rightarrow 2H_2O+O_2$。研究发现,植物体内 CAT 活性变化规律与 SOD、POD 活性类似,在一定的胁迫程度内增加,而胁迫程度超出一定范围后,造成 CAT 活性降低。

在抗坏血酸-谷胱甘肽(AsA-GSH)循环中,抗坏血酸过氧化物酶(APX)以还原型抗坏血酸(AsA)作为电子供体催化 H_2O_2 为无毒的 H_2O,并且同时产生两分子的单脱氢抗坏血酸(MDHA)。随后,抗坏血酸还原酶(MDHAR)以 NADPH 作为电子供体将 MDHA 还原为 AsA,MDHA 也可被脱氢抗坏血酸还原酶(DHAR)催化转化为脱氢抗坏血酸(DHA),这个反应以还原型谷胱甘肽(GSH)作为底物,同时生成氧化型谷胱甘肽(GSSG)。GSSG 会借助谷胱甘肽还原酶(GR)的催化作用再次被还原为 GSH,以进行新一轮的循环。

综上,高含量抗氧化剂使植物对氧化性破坏有较高的抵抗能力。抗氧化酶的活性,如 CAT、APX、POD、GR 和 SOD 在盐胁迫时含量增高,并且这些酶的浓度和遭受的盐胁迫程度有很好的相关性。

1.3.3 植物耐盐的分子机制

植物耐盐性是个复杂的数量性状,其涉及许多基因和诸多耐盐机制的协调作用。许多研究表明,与盐胁迫应答有关的基因,一般涉及生理代谢、细胞防御、能量产生和运输、离子转运和平衡、细胞生长和分裂等方面,另外还有很大

一部分基因的功能至今未知。到目前为止,已获得的与耐盐性相关的基因的类型主要有以下几种:

(1)信号传导相关基因

信号传导相关基因调节植物的生理代谢,可以对盐胁迫信号进行感知和传导,如 SOS 信号与离子跨膜运输途径、Ca^{2+} 及钙调素信号途径、蛋白激酶和蛋白磷酸酶途径。植物在盐胁迫下作出反应是通过一系列复杂的信号识别与转导机制完成的,SOS 信号途径中涉及 3 个蛋白:SOS3、SOS2 和 SOS1,其中,SOS3 是一个 Ca^{2+} 结合蛋白;SOS2 是一个 Ser/Thr 蛋白激酶;SOS1 是质膜上的 Na^+/H^+ 反向转运蛋白。在受到盐胁迫时,通过细胞膜上的 Na^+ 传感器将信号传入细胞,使细胞内的 Ca^{2+} 浓度快速增加,升高 Ca^{2+} 结合并激活 SOS3,被活化的 SOS3 激活 SOS2 并且两者形成复合体,催化部位暴露出来发挥激酶的功能,从而激活下游蛋白行使功能,SOS1 是其底物之一。SOS2/SOS3 复合物激活 SOS1,防止 Na^+ 在细胞内过多地积累,提高了质膜 Na^+/H^+ 反向转运的能力,加速 Na^+ 排出细胞,从而降低盐害。研究发现,SOS1 调节细胞外 ROS 的产生可能是非生物胁迫下产生的信号通路的一个非常早期的信号步骤。SOS2 不仅可以激活 SOS1,还可以激活液泡膜上的 Na^+/H^+ 反向转运蛋白和 Ca^{2+}/H^+ 转运蛋白。

(2)转录因子

转录因子是与真核生物顺式元件发生特异性结合,并对转录有激活或抑制作用的 DNA 结合蛋白。在盐胁迫条件下,转录因子通过自身表达的变化调控着各种基因的表达水平,进而影响植物的耐盐性。报道指出的几个核心转录因子家族包括 bZIP 转录因子、WRKY、AP2/ERF 类、MYB 类、DREB 类、bHLH 类及 NAC 类,其中,bZIP 转录因子是数目最多、多样性最广泛的基因家族之一。Johnson 等通过观察长期处于盐胁迫下小麦的生长发育发现,对盐胁迫较敏感的品种,其 bZIP 基因表达上调,而较为耐盐的品种 bZIP 基因表达下调。陈成等通过对拟南芥野生型及 *Hira-1* 突变体进行盐胁迫处理,发现 *Hira-1* 突变体对高浓度盐胁迫处理更加敏感,认为拟南芥中 AtHIRA 很可能在盐胁迫响应方面起着一定作用。苏莹等利用 RT-PCR 和 RACE 技术，通过基因克隆研究发现，盐胁迫会使转基因棉花中 GhWRKY41 基因表达量显著上升，该基因的过表达还可以提高转基因棉花的水分，可以认为 GhWRKY41 参与了棉花响应盐胁迫的应答过程，且过表达可以提高转基因棉花的耐盐性。

（3）渗透调节物质基因

渗透调节物质基因主要包括脯氨酸合成相关基因、甜菜碱合成相关基因、糖醇合成相关基因等。在盐胁迫下，植物体内会产生并积存具有渗透调节和渗透保护作用的甘露醇和山梨醇。1-磷酸甘露醇脱氢酶和 6-磷酸山梨醇脱氢酶分别在甘露醇和山梨醇的合成过程中作用显著。樊军锋等以美洲黑杨×青杨为受体植株，利用叶盘法对 mtlD-gutD 双价基因进行转化，结果显示盐处理对未转化植株造成的威胁更大。在渗透胁迫下，植物除了会产生甘露醇和山梨醇，还会产生甜菜碱等其他渗透调节物质来缓解土壤中过量盐分所带来的高渗透压。甜菜碱的合成只需要经历较少的酶催反应，胆碱单加氧酶和甜菜碱醛脱氢酶在该过程中扮演着重要角色。研究者以"欧美杨 107"为受体植株，将 CMO 基因转入其中，耐盐试验表明"欧美杨 107"的耐盐性得到了提高。王亮首次将 BADH 基因转入"速生杨 107"，相对电导率、叶绿素等指标检测表明 BADH 基因的表达提高了"速生杨 107"的耐盐性。杨树的耐盐性是由多种渗透调节物质调控的，渗透调节物质合成基因具有多样化的特点。但目前大多是单基因转化，往往只能增加一种渗透调节物质的含量，抵御盐胁迫的效果并不是很显著。随着多基因共转体系的完善，可以尝试将多种渗透调节物质合成基因同时转入杨树中，产生并积聚多种渗透调节物质，以期大幅增强杨树抵御盐胁迫的能力。

（4）功能性蛋白基因

功能性蛋白基因包括植物水通道蛋白基因、调渗蛋白基因、植物胚胎发育晚期丰富蛋白基因等。山东农业大学生命科学学院郑成超教授和黄金光副教授课题组的研究发现，拟南芥盐敏感突变体 SES1 编码一个定位于内质网的分子伴侣蛋白，能帮助内质网中的蛋白质进行正确折叠。同时，内质网胁迫感知蛋白 bZIP17 转录因子能够通过直接结合 SES1 启动子中的 ERSEL 顺式元件,激活其表达。SES1 通过缓解盐害造成的内质网胁迫,增强植物的盐胁迫抗性。该研究提供了植物对盐胁迫响应和内质网稳态之间的新见解,同时揭示了 SES1 调节植物抗盐的分子机制,为在更大范围内培育耐盐新作物提供了重要理论支撑。

　　目前,国内外研究人员对植物耐盐性的研究已卓有成效,探讨了部分耐盐机制以及拟南芥盐胁迫的信号传导途径,但真正特异的耐盐基因及其调控途径还没有被发现,系统阐明植物耐盐机制和胁迫机理仍然十分困难。但是,对植物耐盐分子机制不断深入的研究和日臻完善的生物技术,必将为培育高效耐盐植物的研究和实用化打下坚实的基础。

1.4　植物耐盐资源的评价

　　评价植物的耐盐性既需要合适的研究方法,也需要建立在合适的研究方法基础上的量化指标。长期以来,很多学者从不同研究角度出发进行了广泛而深入的研究,并从形态、生理、生化等方面提出了一些有关植物耐盐性的评价方法及其指标。

1.4.1　评价指标

　　(1)根据形态指标评价

　　形态指标一般包括发芽率、死亡率、田间存活指数、生长速率、株高、生物量和产量等。朱进等对 20 个黄瓜品种的种子萌发期和 22 个嫁接砧木幼苗期的耐盐性进行鉴定,对黄瓜种子的相对发芽势、相对发芽率、相对发芽指数等耐盐性指标和嫁接砧木的盐害指数进行聚类分析,结果表明不同基因型黄瓜品种和嫁接砧木的耐盐性具有较大差异,在黄瓜种子萌发期和嫁接砧木苗期可以对其耐盐性进行快速鉴定。李姝晋等采取不同浓度的 NaCl 溶液胁迫俄罗斯水稻种质资源，以相对苗高、相对叶数和存活率为指标进行耐盐性筛选鉴定。石东里等试验研究了经 20% 氢氧化钠处理后的大穗结缕草种子在不同盐度下的发芽率及其对幼苗的影响，结果表明，随着盐度的增高，种子的发芽率逐渐降低，幼根和幼苗的生长受到抑制；当盐度达到 1.0% 时，大穗结缕草种子的发芽率仅为 8.0%。Francois 等研究了耐盐小麦和盐敏感小麦的发芽率、发芽指数和活力指数，结果表明，耐盐小麦品种的发芽率、发芽指数和活力指数均比盐敏感小麦的高，可以把这 3 个指标作为小麦耐盐性筛选的参考指标。董志刚和程智慧分别在番茄品种的芽苗期和幼苗期对其进行耐盐性鉴定，筛选耐盐的种质资源，结果表明，芽苗期和幼苗期的耐盐性不同，在芽苗期可以把发芽势、发芽率、发芽指数、萌发活力指数、下胚轴长、地上部鲜重作为耐盐性鉴定指标，在幼苗期可以把地上部鲜重、根鲜重、地上部干重、根干重、壮苗指数、根冠比作为耐盐性鉴定指标。陈新等以发芽势、发芽率、根长、苗高 4 个性状来鉴定裸燕麦对盐胁迫的反应，在 4 项鉴定指标中，发芽势和发芽率与萌发期耐盐性的关系最为密切，但发芽率在供试材料间的表现比发芽势更为稳定。

产量是作物生产的最终目标，也是判断作物耐盐性最重要的指标。尤其是在高浓度盐胁迫条件下，产量可以作为作物品种耐盐性鉴定的最可靠指标。匡朴研究盐胁迫对不同耐盐性玉米品种产量的影响，结果表明，在盐碱地条件下，耐盐性品种的产量、亩穗数、千粒重、穗粒数、穗长均高于不耐盐品种；耐盐性较好的品种在吐丝期的叶面积指数较高，株高也高于不耐盐品种。在成熟期时，耐盐品种在叶片与籽粒中的干物质积累要高于不耐盐品种。耐盐性品种的叶面积更大，株高更高，干物质积累也更多。陶荣荣等研究盐逆境对不同耐盐性小麦产量的影响，结果表明，在盐逆境下，叶面积指数、干物质积累量及茎蘖数显著下降，与非盐逆境相比，盐逆境下小麦产量显著下降，仅为非逆境的 26.2%，穗数、每穗粒数与千粒重也显著减少，其中穗数降幅达 60.7%，为减产的主导因素，其次是粒重的减少。

（2）根据生理生化指标评价

生理生化指标一般包括质膜透性、脯氨酸含量、根系活力、Na^+/K^+ 比值、相对电导率、自由水含量、束缚水含量、过氧化物酶活性、过氧化氢酶活性、超氧化物歧化酶活性、叶绿素含量、可溶性糖含量、可溶性蛋白含量和丙二醛含量等。李磊等苗期对耐盐性不同的大麦品种（系）进行盐胁迫处理，结果表明，一定盐浓度下，耐盐品种与盐敏感品种相比，质膜透性、脯氨酸含量、根系活力及 Na^+/K^+ 比值变化小，渗透势变化大，耐盐性中等品种（系）的各个指标变化介于耐盐性强和盐敏感品种之间。费伟等对两个耐盐性不同的番茄品种进行盐胁迫处理，结果表明，在盐胁迫下，耐盐品种的脯氨酸含量、可溶性糖含量和 SOD 活性、POD 活性都明显高于盐敏感品种，丙二醛含量则恰恰相反。脯氨酸、可溶性糖、SOD 活性、POD 活性、丙二醛含量可以作为鉴定番茄幼苗耐盐性的生理指标。肖雯等对几种盐生植物进行相关抗盐生理指标测定，研究认为，膜透性、MDA含量以及渗透调节物质的种类和含量对植物抗盐性具有比较明确的指示意义。Dasgan 等以 55 个番茄基因型为材料进行盐胁迫，研究了 Na^+ 浓度、Ca^{2+}/Na^+、K^+/Na^+ 等指标，得出番茄不同基因型幼苗之间 Na^+ 浓度存在较大差异，幼苗中含有较高浓度 Na^+ 含量，说明幼苗受盐害较大，而幼苗 Ca^{2+}/Na^+ 和 K^+/Na^+ 比例较高时说明幼苗盐害较轻，Na^+ 含量、Ca^{2+}/Na^+ 和 K^+/Na^+ 比值可以作为番茄耐盐的生化指标。Belkhodja 等指出叶绿素荧光参数与盐处理过的大麦叶片有相关性，并指出叶绿素荧光可作为筛选耐盐大麦基因型的指标。王宁等研究不同耐盐性玉米品种在不同浓度 NaCl 胁迫下苗期膜质过氧化及保护酶活性变化的差异，结果表明，两品种丙二醛含量均随 NaCl 浓度升高而增加，盐敏感性品种较耐盐品种丙二醛含量增加的幅度大，两品种的保护酶活性均随 NaCl 浓度升高呈先降低后升高趋势。

1.4.2　评价方法

（1）隶属函数法

隶属函数法是根据模糊数学的原理，利用隶属函数进行综合评估。一般步骤为:首先利用隶属函数给定各项指标在闭区间(0,1)内相应的数值,称为"单因素隶属度",对各指标作出单项评估;其次对各单因素隶属度进行加权算术平均,计算综合隶属度,得出综合评估的指标值,其结果越接近 0 越差,越接近 1 越好。

首先对原始数据进行标准化处理,然后利用标准差系数法确定权重,归一化后得到各个指标的权重系数 W_j,再计算耐盐综合评价 D 值。

黄春琼等分别计算相对地上部干重、相对根系干重、相对全株干重的隶属函数值并计算出这几个指标的平均隶属函数值,进行综合评价,隶属函数均值越大,说明其综合评价越高,耐盐性越强。

段文学等通过隶属函数分析,得到不同甘薯品种(系)苗期耐盐性综合评价值(D 值),并根据 D 值对其耐盐能力进行强弱排序,其中品系 12148 的 D 值最小,表明其耐盐性最差;济薯 26 的 D 值最大,表明其耐盐能力最强。

耿雷跃等利用隶属函数进行归一化处理,根据综合耐盐指数 D 值大小对水稻耐盐能力进行强弱排序。垦优 0702 和垦育 88 综合耐盐指数(D 值)较高,评价为耐盐能力极强。辽粳 912 综合耐盐指数(D 值)较低,评价为综合耐盐能力极弱。

(2)主成分分析

主成分分析是把多个指标简化为少数几个综合指标的一种统计分析方法。在多指标(变量)的研究中,变量个数太多,且彼此之间存在着一定的相关性,使得所观测的数据在一定程度上有信息的重叠。主成分分析采取一种降维的方法,找出几个综合因子来代表原来众多的变量,使这些综合因子尽可能地反映原来变量的信息量,而且彼此之间互不相关,从而达到简化的目的。

主要计算过程:贡献率 $e_i = \dfrac{\lambda_i}{\sum\limits_{i=1}^{n} \lambda_i} \times 100\%$ 为主成分 F_i 的贡献率,$\sum\limits_{i=1}^{n} e_i$ 为累积方差贡献率。通常选取 $\sum\limits_{i=1}^{m} e_i \geqslant 80\%$ 的 m 个主成分进行综合分析。研究的 n

个因子降为 m 个主成分。

彭智等用主成分分析获得的主成分作为鉴定小麦芽期、苗期耐盐性的综合指标。对 321 份普通小麦材料的芽期和苗期耐盐指标分别进行主成分分析，以累计贡献率大于 85% 为原则选择主成分。芽期和苗期都选择 4 个独立的主成分作为耐盐鉴定综合指标。

耿雷跃等对 0.3% 盐浓度下 11 个农艺性状的耐盐系数进行主成分分析。根据特征值大于 1 和累计贡献率大于 85% 标准，共提取到 3 个主成分对耐盐性进行综合评价。

段文学等对 14 个单项生理指标的耐盐系数进行主成分分析，获得 5 个新的相互独立的综合指标。由于这 5 个指标基本代表了原始指标携带的绝大部分信息，足以说明该数据的变化趋势，因此取 5 个主成分作为数据分析的有效成分，对耐盐性进行综合评价。

（3）聚类分析

聚类分析是数理统计中研究"物以类聚"的一种方法。在数值分类方面，可归纳为两大类问题：一类是已知研究对象的分类情况，将某些未知个体正确地归属到其中某一类，这是判别分析问题；另一类是在事前没有分类的情况下进行数据结构的分类，这就是聚类分析所要解决的问题。

系统聚类分析在聚类分析中应用较广泛。凡是具有数值特征的变量和样品都可以通过选择不同的距离和系统聚类方法而获得满意的数值分类效果。系统聚类法就是把个体逐个地合并成一些子集，直至整个总体都在一个集合之内为止。

李青等综合隶属函数鉴定和聚类分析结果，筛选出的代表性马铃薯种质有高耐盐种质为陇薯 5 号和 LZ111；中等耐盐种质为冀张 12 号等；敏感种质为青薯 9 号和 04P48-3 等。这 5 份材料长势具有明显由强到弱的变化趋势，与采取隶属函数排序和聚类分析鉴定结果较一致，间接说明采取隶属函数排序和聚类分析综合鉴定马铃薯材料的耐盐性是有效可行的。

田小霞等根据综合评价 D 值进行聚类分析,结果显示,供试 132 份苜蓿样本分为 4 类:第 Ⅰ 类为强耐盐型;第 Ⅱ 类为中耐盐型;第 Ⅲ 类为弱耐盐型;第 Ⅳ 类为敏盐型。与根据 D 值推断的供试样本耐盐类型略有差异。

孙东雷等基于 47 份花生种质资源的耐盐性综合评价 D 值,对供试花生种质进行聚类分析。在欧式距离为 10 处,47 份花生种质材料依据耐盐性可以分为 5 个类群,依据综合评价 D 值大小分别归为 5 个耐盐级别,即高度耐盐(1 级)、耐盐(2 级)、中等耐盐级别(3 级)、敏感级别(4 级)、高敏级别(5 级)。

(4)相关分析和回归分析

相关分析是研究两个或两个以上处于同等地位的随机变量间的相关关系的统计分析方法,侧重于发现随机变量间的种种相关特性,在工农业、水文、气象、社会经济和生物学等方面都有应用。两个变量之间的相关程度通过相关系数 r 来表示。相关系数 r 的值在 -1 和 1 之间,但可以是此范围内的任何值。正相关时,r 值在 0 和 1 之间,这时一个变量增加,另一个变量也增加;负相关时,r 值在 -1 和 0 之间,此时一个变量增加,另一个变量将减少。r 的绝对值越接近 1,两变量的关联程度越强,r 的绝对值越接近 0,两变量的关联程度越弱。

袁雨豪等研究糜子资源耐盐性评价与盐胁迫生理响应,结果表明,相对发芽势、相对发芽指数、相对芽长、相对根鲜重、相对活力指数 5 个指标间均呈极显著正相关($P<0.01$)。相对发芽势、相对发芽率、相对发芽指数、相对芽长、相对根长、相对芽鲜重、相对根鲜重、相对活力指数均与相对盐害率呈负相关,且除相对根长外,均呈现极显著负相关($P<0.01$)。相对发芽率与相对发芽指数、相对活力指数与相对根鲜重之间的相对系数均大于 0.90,表明盐胁迫下糜子的相对发芽率与相对发芽指数、相对活力指数与相对根鲜重之间受到胁迫的程度相互关联。

回归分析指的是确定两种或两种以上变量间相互依赖的定量关系的一种统计分析方法。在大数据分析中,回归分析是一种预测性的建模技术,它研究的是因变量和自变量之间的关系。这种技术通常用于预测分析、时间序列模型以及发现变量之间的因果关系。

耿雷跃等将耐盐性综合评价值(D 值)作为因变量,将 0.3% 盐浓度下 11 个农艺性状的耐盐系数作为自变量进行逐步回归分析,建立了最优回归方程,各品种估计精度均在 90% 以上,证明方程中穗长、每穗粒数和总干物重的耐盐系数对水稻综合耐盐性的影响明显。该方程可用于水稻耐盐性评价,用于其他品种的耐盐性评价,即在相同条件下测定其他品种的上述 3 个指标并求得耐盐系数,进而利用该方程预测其他品种的耐盐性。

1.5　QTL 定位的研究进展

作物的性状包括受多基因控制的数量性状和受主效基因控制的质量性状。其中,许多重要农艺性状和品质性状均表现为数量性状的遗传特点,呈连续性变异,对环境因子的表现也极其敏感,且受许多数量性状基因和环境因子的共同影响。控制数量性状的基因位点称为数量性状基因座(Quantitative trait locus,QTL)。QTL 定位就是通过分析染色体组的 DNA 标记基因型和数量性状表型值间的关系,将 QTL 定位到染色体的相应位置,并估算其遗传效应。

1.5.1　QTL 定位的必要条件和原理

QTL 定位的必要条件为:①高密度的遗传连锁图谱和相应的统计分析方法;②目标性状在遗传群体中分离明显,符合正态分布,在选择亲本时尽可能地选择性状表现差异较大和亲缘关系较远的材料。

QTL 定位的基本原理是根据个体的标记基因型或数量性状表型值进行分组,然后根据各组间 QTL 的频率分布(分离比例)的差异显著性,来判断标记与QTL 是否连锁。如果差异显著,则证明标记与 QTL 之间连锁。利用分子标记定位,本质上就是分析分子标记与目标性状 QTL 之间的连锁关系,即利用已知座位的分子标记来定位未知座位的,通过计算分子标记之间的交换率,来确定 QTL 的具体位置。QTL 分析有 3 个基本的步骤:①培育适宜的遗传作图群体;②构建遗传连锁图谱;③分析标记基因型和数量性状表型值之间的内在联系,确定 QTL 在染色体上的相对位置,估算 QTL 的遗传效应。

1.5.2　分子遗传图谱的构建

遗传连锁图谱是指以染色体重组交换率为相对长度单位,以遗传标记为主体的染色体线状连锁图谱,以染色体重组交换率为相对长度,单位用厘摩(centi-Morgan,cM)表示。遗传标记是指能够明确反映遗传多态性的生物特征,包括形态学标记(指那些能够直观地显示生物遗传多态性的外观性状,广义的形态标记还包括那些借助简单测试手段即可识别的某些性状),细胞学标记(是指能明确反映生物遗传多态性的细胞学特征),生化标记(是以植物体内的某些特异生化性状为特征的遗传标记,包括储藏蛋白标记和同工酶标记等),DNA分子标记(简称为分子标记,是 DNA 水平上遗传多态性的直接反映)。

分子遗传图谱,是以 DNA 分子标记作为遗传标记的遗传图谱。分子遗传连锁图谱的构建,是进行基因初步定位、基因精细定位、基因克隆、分子标记辅助育种的技术平台,在分子遗传学、基因组学以及分子遗传育种等领域具有重要的研究意义。

1)构建分子遗传图谱的理论基础

分子遗传连锁图谱构建的理论基础是染色体的交换与重组。细胞减数分裂时,非同源染色体上的基因相互独立、自由组合,同源染色体上的连锁基因发生交换与重组,基因间距离增加,交换的频率增大。可用重组率来揭示基因间的遗传图距,图距单位用厘摩(cM)表示,1 个 cM 的大小大致符合 1% 的重组率。分子遗传图谱只显示基因之间在染色体上的相对位置,并不反映基因的实际长度。分子遗传图谱构建的理论基础与经典遗传图谱一样,仍然是 Sutton-

Boveri 的染色体遗传理论及摩尔根的连锁交换定律。

2）构建分子遗传图谱的基本步骤

①根据遗传材料之间的 DNA 多态性，选择用于建立作图群体的亲本组合。

②建立具有大量 DNA 标记处于分离状态的分离群体或衍生系。

③选择适合作图的 DNA 标记。

④测定作图群体中不同个体或株系的标记基因型。

⑤对标记基因型数据进行连锁分析，构建标记连锁图。

3）DNA 分子标记的类型

DNA 分子标记一般简称为分子标记，是指能反映生物个体或者种群间基因组中某种差异特征的 DNA 片段，它能够直接反映基因组 DNA 间的差异。与其他几个遗传标记相比，DNA 标记有以下优点：

①直接以 DNA 的形式表现，在生物体的各个组织、各个生育阶段均可被检测到，不受季节和环境限制，也不存在表达与否等问题。

②标记的数量非常丰富，几乎分布全基因组。

③高通量，高多态性，自然存在着许多等位变异。

④多数 DNA 分子标记表现为共显性，能够区分出纯合基因型与杂合基因型，对隐性性状的选择十分方便。

⑤检测手段简单迅速，成本相对较低。

DNA 分子标记主要包括三大类：第一大类是基于 DNA 分子杂交技术为基础的分子标记，主要是指限制性片段长度多态性（Restriction fragment length polymorphism，RFLP）。第二大类是基于 PCR（Polymerase chain reaction）技术为基础的分子标记，它又分为两类：一类是使用随机引物进行扩增，以随机扩增多态性 DNA 技术（Random amplified polymorphic DNA，RAPD）为代表；另一类标记是利用特定引物进行扩增的标记，主要有简单重复序列（Simple sequence repeat，SSR），序列标签位点（Sequence tagged site，STS），特异性序列扩增

（Sequence characterized amplified region，SCAR），简单序列重复区间（Inter simple sequence repeat，ISSR）等。第三大类是以 PCR 与酶切相结合的分子标记，主要有扩增片段长度多态性（Amplified fragment length polymorphism，AFLP）和酶切扩增多态性序列（Cleaved amplified polymorphic sequence，CAPS）两类。

目前已建立的分子标记技术有 20 多种，常用的几种分子标记技术如下：

（1）RFLP

RFLP 是发展最早的分子标记技术，称为第一代分子标记，是目前应用最广泛的分子标记技术之一。RFLP 的基本原理是利用特定的限制性内切酶识别并切割基因组 DNA，得到大小不等的 DNA 片段。不同生物个体所产生的 DNA 片段的数目和长度是特异性的。通过凝胶电泳分离酶切片段，就形成不同的谱带，再与 DNA 克隆探针进行 Southern 杂交和显影，即可获得反映个体特异性的 RFLP 图谱。任何引起酶切位点变异的突变，如点突变（新产生或去除酶切位点）和 DNA 的重组（插入、缺失、易位、倒位等）均可导致 RFLP 的产生。RFLP 标记具有共显性特点，可以区别纯合基因型与杂合基因型，能够提供单个位点上较完整的资料，结果稳定可靠、重复性好，特别适合于遗传连锁图谱的建立。但是 RFLP 标记对 DNA 需要量较大（5～10 μg），所需仪器设备种类较多，检测步骤较多，技术较复杂，周期长，成本高，还需要同位素跟踪标记，它的应用受到了一定程度的限制。

（2）RAPD

RAPD 技术是以 PCR 扩增反应为基础，以一系列人工合成的随机的寡核苷酸序列（通常为 10 个碱基）为引物，在 Taq 酶的作用下，通过 PCR 扩增技术对所研究的基因组 DNA 片段进行体外扩增，扩增产物通过琼脂糖凝胶电泳分离，经特定染色试剂染色，在紫外透射仪上检测扩增 DNA 片段的多态性。扩增 DNA 片段的多态性反映了基因组 DNA 的多态性，从而根据对所产生的扩增片段 DNA 多态性的分析就可以进行遗传作图。虽然对于每一个引物而言，其检测的 DNA 多态性是有限的，但 RAPD 可用的随机引物数量很多，可检测区域几乎覆盖整个基因组,从理论上讲,RAPD 可对整个基因组 DNA 进行多态性检测。

与 RFLP 标记相比,RAPD 标记方法简便、快速、灵敏度高,DNA 用量较少,且不需要同位素标记,安全性好,可以高效快速地获取许多个体或基因型的 DNA 序列多态性资料,对无任何分子生物学研究基础的物种也可采用。RAPD 使用的引物较短,PCR 扩增结果易受实验条件的影响,稳定性和重复性较差。但只要严格控制 PCR 的反应条件,保持反应体系中的多种试剂来源和浓度一致,严格控制反应程序的各个环节及各个循环参数的稳定性,重复的结果是不难得到的。

（3）SSR

SSR 是指以少数几个核苷酸(多数为 2 ~ 4 bp)为单位,多次串联重复的 DNA 序列,重复数一般为 10 ~ 50,称为第二代分子标记,也称为微卫星 (Microsatellite)、短串联重复(Short tandemrepeat)或简单序列长度多态性 (Simple sequence length polymorphism,SSLP)。1982 年,Hamada 等在人心肌肌动蛋白的内含子中发现了一个重复 25 次的(TG)序列,同时指出这一序列在人及其他真核生物的基因组中广泛存在。SSR 的重复数在同一物种的不同基因型间差异很大,很快发展为一种分子标记,并首先为人和小鼠构建了 SSR 为主的分子连锁图谱。SSR 多以两个核酸为重复单位,也有 3 个的,极少数为 4 个核苷酸或更多。人和动物中的微卫星主要为(TG)n,植物中微卫星的重复单位有 (GA)n、(AC)n、(AT)n 等。真核生物中每隔 10 ~ 50 kb 就存在 1 个 SSR。

SSR 标记的基本原理:根据微卫星序列两端互补序列设计引物,通过 PCR 反应扩增微卫星片段,由于核心序列串联重复数目不同,因此表现出不同个体在同一个微卫星座位上微卫星的长度多态性。开发 SSR 引物序列的过程:首先建立 DNA 文库,筛选鉴定微卫星 DNA 克隆;然后测定这些克隆的侧翼序列。也可通过 Genbank、EMBL 和 DDBJ 等 DNA 序列数据库搜索 SSR 序列,省去构建基因文库、杂交、测序等烦琐的工作。

SSR 标记的特殊性及重要性源于其具有以下特征:

①SSR 序列的两侧序列较保守,在同种而不同基因型间多相同。

②随机均匀而广泛地分布于整个基因组,多态性的信息非常丰富;呈孟德尔式遗传,表现共显性,对个体鉴定具特殊作用。

③多数 SSR 无功能作用,增加或减少几个重复序列的频率高,在品种间具有广泛的位点变异,比 RAPD 及 RFLP 分子标记具有的多态性高,既具有 RFLP 的稳定可靠、特异性强和共显性遗传等优点,又比 RAPD 重复性和可信度高,是目前分子标记中的研究热点。

④对不同物种、不同座位都有一对特定的引物,虽然在开始筛选重复序列和引物设计时需花费大量的人力、物力,但一旦发展完全,可以非常容易地进行不同实验室的共享及育种实践,使用时极为简便、快速,结果非常稳定。

⑤通过简单的 PCR 扩增反应即可直接检测到已知的 DNA 特定染色体位点,而避免使用放射性同位素,所需 DNA 量较少,对 DNA 质量要求不高,即使部分 DNA 降解,也能有效地进行分析鉴定。

基于以上特点,SSR 标记被广泛地应用于各种生物的遗传作图、种质鉴定和分子标记辅助选择。

(4)AFLP

AFLP 是 1992 年由荷兰学者 Zabeau 和 Vos 发展起来的一种检测 DNA 多态性的新方法,它建立在 PCR 和 RFLP 标记基础上。其基本原理是对基因组 DNA 进行酶切片段的选择性扩增。首先对基因组 DNA 进行限制性酶切,再将酶切片段连接到特定的接头(Adapter)上,形成扩增反应的模板,PCR 引物 5′端与接头的酶切位点序列互补,3′端在酶切位点后增加 1~3 个选择性碱基,使得只有一定比例的限制性片段被选择性地扩增,从而保证 PCR 反应产物可经变性聚丙烯酰胺凝胶电泳来分辨。AFLP 标记的多态性来自酶切位点和引物 3′端选择性碱基的种类、数目的不同。AFLP 具有多态性丰富,结果稳定可靠,重复性好,所需 DNA 量少,且可以在不知道基因组序列的情况下进行研究等特点,现已被广泛用于构建遗传图谱、遗传多样性研究、系统进化及分类学、遗传育种、品质鉴定以及基因定位等方面。

（5）ISSR

ISSR 是一种类似 RAPD 的新型标记，是根据植物中广泛存在 SSR 的特点，利用 SSR 本身设计引物，不需要预先克隆和测序，引物通常为 16~18 个碱基，由 1~4 个碱基组成的串联重复序列和几个非重复的锚定碱基组成。ISSR 标记检测到的是重复序列之间的片段，而不像 SSR 标记检测的是重复序列。与 SSR 相比，其引物没有物种特异性，与 RAPD 一样用于各类植物研究，且其稳定性优于 RAPD 标记。近年来，ISSR 标记技术已广泛应用于遗传多样性分析、植物的品种鉴定、基因组作图、基因定位等研究领域。

（6）CAPS

CAPS 又称为 PCR-RFLP，它实质上是 PCR 与 RFLP 相结合的一种方法。其基本原理是利用已知位点的 DNA 序列设计一套特异的引物（19~27 bp）扩增该位点上某一 DNA 片段，再用限制性内切酶切割扩增产物，琼脂糖凝胶电脉分离酶切片段，然后 EB 染色并进行 RFLP 分析，CAPS 标记揭示的是特异 PCR 片段的限制性长度变异的信息。CAPS 是共显性标记，其优点避免了 RFLP 分析中膜转印这一步骤，又能确保 RFLP 分析的精确性。

（7）单核苷酸多态性（Single nucleotide polymorphism，SNP）

SNP 是 1996 年由美国学者 Lander E 提出，被称为继 RFLP、SSR 之后的第三代分子标记。近年来，SNP 的开发研究已成为 DNA 标记研究的热点。SNP 是指在染色体基因组水平上由单个核苷酸的变异引起的 DNA 序列多态性，包括单碱基的转换、颠换、插入及缺失等形式。SNP 标记通常具有双等位基因多态性，其突变率相当低，是一种稳定的突变，而且 SNP 标记密度高，富有代表性且易实现分析自动化。检测 SNP 的方法有 DNA 芯片技术、阵列杂交分析、同源杂交法及直接测序法等。其中以 DNA 芯片技术方法最佳，已得到大规模的发展与应用。随着 DNA 芯片技术的发展，SNP 标记有望成为最重要、最有效的分子标记之一。SNP 具有高密度、高稳定性、高多态性，且突变率低，易于基因分型,易于快速、规模化筛查等优点。SNP 标记应用广泛,在人类基因组研究中较为广泛,在动物研究上应用较多,并广泛应用到植物中,对植物高密度连锁图谱的构建,优良新基因的精细定位、克隆以及植物分子标记辅助育种具有重要作用。

（8）STS

STS 标记是一种将 RFLP 标记经两端测序转化为 PCR 标记的方法,通过 RFLP 标记或探针进行 DNA 序列分析,设计出长度为 20 个碱基左右的引物,扩增基因组 DNA 而产生的一段长度为几百 bp 的特异序列。此序列在基因组中只出现一次,能够界定基因组的特异位点。由于 STS 在染色体上的位置已定,核苷酸序列已知,且在基因组中只有一份拷贝,因此在基因组作图和测序研究时,可用 STS 来鉴定和验证不同实验室发表的 DNA 测序数据或构建的物理图谱,并确定这些测序的 DNA 片段在染色体上的位置,有利于汇集分析各实验室发表的数据和资料,保证作图和测序的准确性。STS 标记的信息量大,多态性好,是共显性标记,能够鉴定不同的基因型,是一种应用前景非常好的新型分子标记。

（9）SCAR

SCAR 标记是由 RAPD 标记转化而来的。为了提高所找到的某一 RAPD 标记的稳定性,可将该 RAPD 标记片段从凝胶上回收并进行克隆和末端测序,根据其碱基序列设计一对特异引物(18～24 碱基),也可只对该 RAPD 标记片段的末端进行测序,根据其末端序列,在原来 RAPD 所用的 10 碱基引物上增加相邻的 14 个左右碱基,成为与原 RAPD 片段末端互补的特异引物。以此特异引物对基因组 DNA 再进行 PCR 扩增,便可扩增出与克隆片段同样大小的特异带。这种经过转化的特异 DNA 分子标记称为 SCAR 标记。SCAR 标记一般表现为扩增片段的有无,为一种显性标记。有时也表现为长度的多态性,为共显性的标记。若待检 DNA 间的差异表现为扩增片段的有无,可直接在 PCR 反应管中加入溴化乙锭,通过在紫外灯下观察有无荧光来判断有无扩增产物,从而检测

DNA 间的差异,这样可省去电泳的步骤,使检测变得快捷、方便、可靠,可快速检测大量个体。与 RAPD 标记相比,SCAR 标记所用引物较长,以及引物序列与模板 DNA 完全互补,可在严谨条件下进行扩增,结果稳定性好、可重复性强。

1.5.3 作图群体的建立

构建 DNA 标记连锁图谱,首先必须建立作图群体。建立作图群体需要考虑的重要因素包括亲本的选配、分离群体类型的选择及群体大小的确定等。

（1）亲本的选配

亲本的选择将直接影响构建遗传连锁图谱的难易程度及所建图谱的适用范围。一般应从以下 4 个方面选择亲本：

①考虑亲本的亲缘关系及亲本之间的 DNA 多态性。亲本之间的 DNA 多态性与其亲缘关系有着密切联系。亲本间亲缘关系越远,DNA 多态性越丰富,构图的多态性标记越多,构建的图谱研究价值就越大。所组配的亲本其亲缘关系不可过远,需考虑杂交后代的育性。这种亲缘关系可用地理的、形态的或同工酶多态性作为选择标准。若亲本亲缘关系过远,其遗传差异大,染色体间的配对和重组会受到抑制,可能出现严重的偏分离现象,影响遗传连锁图谱的质量,也易造成杂种后代的结实率降低甚至不育,影响作图群体的建立。通常多选择主要性状间存在显著差异的材料为亲本。一般而言,异交作物的多态性高,自交作物的多态性低。

②选择亲本时应尽量选用纯度高的材料,并进一步通过自交进行纯化。亲本纯度低,使得杂交后代性状分离复杂,增加后续研究难度。

③考虑杂交后代是否可育。

④选配亲本时应对亲本及其 F_1 杂种进行细胞学鉴定。构建作图群体之前,要明确双亲本间是否存在相互易位现象,若为多倍体作物,则需要确认亲本染色体是否有单体或部分染色体缺失等问题,如果出现以上问题,则不宜用来建立分离群体。

⑤杂交组合尽量多。亲本组合要尽量多，可进行广泛的正反交，以满足不同育种目标和基因组研究的要求。

（2）分离群体类型的选择

根据其遗传稳定性可将分离群体分成三大类：第一类为暂时性分离群体，如 F_2，F_3，F_4，回交群体（Backcross，BC），三交群体等，这类群体中分离单位是个体，一经自交或近交其遗传组成就会发生变化，不能永久使用。第二类为永久性分离群体，如重组自交系（Recombinant inbred line，RIL），加倍单倍体（Double haploid，DH）群体等，这类群体中分离单位是株系，不同株系之间存在基因型的差异，而株系内个体间的基因型是相同且纯合的，是自交不分离的。这类群体可通过自交或近交繁殖后代，而不会改变群体的遗传组成，可以永久使用。第三类为近等基因系群体（Near isogenic line，NIL），它的基本特征是整个染色体组的绝大部分区域完全相同，只在少数几个甚至一个区段彼此存在差异。它能使基因组中只存在一个或几个 QTL 分离，消除其他背景干扰和消除主效 QTL 对微效 QTL 效应的掩盖作用。此外，高度杂合的亲本所得 F_1 也可作为作图群体，如马铃薯。另外，出现了用于特殊定位的群体以适应精细定位的需要，如染色体片段置换系（Chromosome segment substitution line，CSSL）或渗入系（Introgression line，IL）。构建 DNA 遗传连锁图谱可以选用不同类型的分离群体，它们各有其优缺点（表 1.1），应结合具体情况选用。

表 1.1　几种作图群体的特点

作图群体	F_2	BC_1	DH	RIL	IL	CSSL	SSSL
群体的形成	F_1 自交	F_1 回交	回交后代 F_1 花培	F_1 自交多代	F_1 回交多代	F_1 回交多代	F_1 回交多代
QTL 定位精确度	低	低	中	中	高	高	最高
需群体的大小	大	大	小	小	小	小	小
是否永久群体	否	否	是	是	是	是	是
构建费用	低	低	中	中	高	高	高

续表

作图群体	F_2	BC_1	DH	RIL	IL	CSSL	SSSL
构建时间	短	短	短	长	长	长	长
分离比率	1:2:1	1:1	1:1	1:2:1	1:1	1:1	1:1
遗传背景干扰	多	多	多	多	少	少	无

（3）群体大小的确定

遗传图谱的分辨率和精度，很大程度上取决于群体的大小。群体越大，作图精度则越高。但群体太大，不仅会增大实验工作量，而且会增加成本。确定合适的群体大小是十分有必要的。在实际工作中，构建分子标记骨架连锁图谱可基于大群体中的一个随机小群体（如 150 个单株或家系），当需要精细地研究某个连锁区域时，再有针对性地在骨架连锁图的基础上继续扩大群体。这种大群体和小群体相结合的方法，既可以达到研究的目的，又可以减轻工作量。作图群体大小还取决于所采用群体的类型。例如，常用的 F_2 和 BC_1 两种群体，前者所需的群体就必须大些。这是因为 F_2 群体中存在更多的基因型，而为了保证每个基因型都可能出现，就必须利用较大的群体。一般而言，F_2 群体必须比 BC_1 群体大一倍左右，作图精度才能与 BC_1 相当。BC_1 的作图效率比 F_2 高得多。在分子标记连锁图谱的构建中，DH 群体的作图效率在统计上与 BC_1 相当，而 RIL 群体则稍差些。总的来说，在分子标记连锁图的构建方面，为了达到彼此相当的作图精度，所需的群体大小的顺序为 $F_2 > RIL > BC_1$ 和 DH。

1.5.4　QTL 定位的统计方法

20 世纪 90 年代以来，分子生物学和计算机技术飞速发展，数量性状遗传研究有了新的方法和强大的统计分析工具，使得进一步研究数量性状遗传的本质、确定其在染色体上的位置及其与其他基因的关系有了可能。简单地说，分子遗传标记检测 QTL 就是寻找目标性状与分子标记之间的关系，通过分子标记将数量性状的 QTL 定位到遗传图谱上。利用分子标记技术和作图群体构建完整的分子遗传图谱后,就可以在整个基因组范围内进行 QTL 定位和作图,具体方法主要有以下几种(表 1.2):

(1)单标记分析法

单标记分析法(Single Marker Analysis,SMA)就是通过方差分析、回归分析或似然比检验,比较不同标记基因型与数量性状均值的差异。如果存在显著差异,说明控制该数量性状的 QTL 与标记有连锁。由于单标记分析法不需要完整的分子标记连锁图谱,因此早期的 QTL 定位研究常采用这种方法。但是,单标记分析法存在以下不足:①无法确定标记是与一个 QTL 连锁还是与几个 QTL 连锁;②不能确切估计 QTL 的可能位置;③遗传效应与重组率混合在一起,导致低估了 QTL 的遗传效应;④容易出现假阳性;⑤检测效率不高,所需的个体数较多。

(2)区间作图法

区间作图法(Interval Mapping,IM)是通过利用相邻的一对遗传标记来检验该遗传连锁区间与数量性状表型值之间的相关是否显著。其基本原理是借助于完整的分子标记遗传图谱,在基因组的各个位置上,计算出影响数量性状的假定 QTL 的最大可能表型效应值(极大似然值)及 QTL 存在和不存在该位置的两种可能性之比即机会率,将机会率取 10 为底的对数(LOD 值),该值反映了具有上述表型效应的 QTL 存在于特定位置的证据强度。当 LOD 值大于某一给定的临界值(通常为 2～3)时,即表明存在 1 个 QTL。若以染色体的遗传距离为横坐标,LOD 值为纵坐标作图,1 个显著的峰对应着 1 个可能的 QTL 位置,其支撑区由曲线最高点的 LOD 值下降 1 个单位处直线与曲线的两个交点限定。

该方法已被广泛地应用于数量性状定位研究中,并曾被认为是 QTL 定位的标准方法。该方法的优点:能从支持区间推断 QTL 的可能位置;假设 1 条染色体上只有 1 个 QTL,QTL 的位置和效应估计趋于渐近无偏;能使 QTL 检测所需的个体数减少。但区间作图法存在许多问题:与检验区间连锁的 QTL 会影响检验结果,或者导致假阳性,或者使 QTL 的位置和效应估计出现偏差;每次检验仅用两个标记,其他标记的信息未加以利用。

(3)复合区间作图法

复合区间作图法(Composite Interval Mapping,CIM)是将简单区间作图和多元线性回归结合起来,在极大似然分析中应用了多元回归模型,从而使一个被检标记区间内任一点上的检测在统计上都不受该区间之外的 QTL 的影响。对某一特定标记区间进行检测时,将与其他 QTL 连锁的标记也包括在模型中以控制背景遗传效应,实现了同时利用多个遗传标记信息对基因组的多个区间进行多个 QTL 的同步检测。

该方法的主要优点:采用 QTL 似然图来显示 QTL 的可能位置及显著性,保留了区间作图法的优点;一次只检验一个区间;假如不存在上位性和 QTL 与环境互作,QTL 的位置和效应的估计是接近无偏的;充分利用了整个基因组的标记信息;以所选择的多个标记为条件,在较大程度上控制了背景遗传效应,提高了作图的精度和效率。

(4)混合线性模型方法

混合线性模型方法(Mixed Composite Interval Mapping,MCIM)是把群体均值、QTL 的各项遗传主效应(包括加性效应、显性效应和上位性效应)作为固定效应,而把环境效应、QTL 与环境互作效应、分子标记效应及其与环境的互作效应,以及残差作为随机效应,将效应估计和定位分析结合起来,进行多环境下的联合 QTL 定位分析,提高了作图的精度和效率。用混合线性模型方法进行 QTL 定位,能无偏地分析 QTL 与环境的互作效应,具有很大的灵活性,模型扩展非常方便,可以扩展到分析具有加×加、加×显、显×显上位性的各项遗传主效应及其与环境互作效应的 QTL。利用这些效应估算值,可预测基于 QTL 主效应的普通杂种优势和基于 QTL 与环境互作效应的互作杂种优势,并可直接估算个体的育种值。依据育种值的高低选择优良个体,能提高遗传改良效率。混合线性模型的复合区间作图方法具有广阔的应用前景。

（5）完备区间作图法

完备区间作图法（Inclusive Composite Interval Mapping,ICIM）首先利用所有标记的信息,通过逐步回归选择重要的标记变量并估计其效应;然后利用逐步回归得到的线性模型校正表型数据,并利用校正后的数据进行全基因组的一维和二维扫描。ICIM 作图策略简化了 CIM 中控制背景遗传变异的过程。ICIM 有较低的抽样误差,较高的作图效率;存在 QTL 的区域 ICIM 有显著高的 LOD 值,而没有 QTL 的区域 ICIM 的 LOD 值接近于 0;ICIM 对作图参数有着很好的稳定性,已被推广到上位性作图。

表 1.2　5 种常用的 QTL 定位分析方法的比较

分析方法	SMA	IM	CIM	ICIM	MCIM
标记数	1	2	多个	多个	多个
精度	低	中	高	高	高
加性效应	是	是	是	是	是
显性效应	是	是	是	是	是
上位性效应	否	否	否	是	是
与环境互作	否	否	否	是	是
检测效率	低	中	中-高	高	高
数学模型和方法	方差、回归和似然	回归、似然和最小二乘法	多元线性回归、似然和最小二乘法	逐步回归、多元线性回归、似然、最小二乘法	混合线性模型

1.6　马铃薯耐盐的研究进展

与其他农作物相比,马铃薯四倍体栽培种是对盐中度敏感作物,当土壤中盐分电导率为 2.0 dS/m 时,植株生长受到抑制,块茎产量会下降 50%。在大田、温室和组织培养条件下,只评价了少数马铃薯基因型的耐盐性。在以往的田间试验和室外盆栽试验中,很多研究侧重于 NaCl(或混合盐)对块茎产量的影响。通过温室盆栽试验评价 NaCl(或混合盐)胁迫不同基因型马铃薯的耐盐性时,以块茎产量、叶片干重的相对下降率以及茎的鲜重作为评价依据。田间试验评价 NaCl(或混合盐)胁迫下不同基因型马铃薯的耐盐性时,成本高、需要大量的劳动力,且具有不确定性。

近年来,在组培条件下评价马铃薯的耐盐性可以代替田间试验。在组培条件下评价马铃薯的耐盐性研究中,有单茎段培养、5 节点茎段培养、根尖培养、悬浮培养等,且以不同盐浓度下的一个或更多的生长参数作为评价指标。Morpurgo 研究发现,5 节点茎段培养的组培苗在盐胁迫下的根鲜重与田间盐水灌溉条件下的马铃薯块茎鲜重相关。在组培条件下鉴定不同基因型马铃薯的耐盐性,3 种培养方法(单茎段、根尖和微型薯)得到了相似的试验结果,即所鉴定的几个马铃薯基因型的耐盐顺序是一致的,田间的盐水灌溉试验再次证实了这个结果。盐胁迫抑制组培过程中单茎段、根尖的生长,降低微型薯的产量,同时使田间块茎的产量降低。单茎段生物测定比根尖和微型薯生物测定操作更简单,在评价盐对马铃薯产量的影响时,被推荐替代需要大量劳动力、成本高的田间试验。

一些马铃薯二倍体野生种表现出比四倍体栽培种更强的耐盐性,然而,快速、有效的具有代表性的相对耐盐性的评价(遗传和表型)方法的缺乏阻碍了把二倍体中的耐盐基因利用到提高四倍体耐盐性中。Bilski 等研究,在温室条件下,水培的营养液中加入 NaCl 或 Na_2SO_4 胁迫 6 个马铃薯野生种,结果表明,是否存活和长势是否较好作为耐盐性评价指标。在组织培养条件下,用 40 ~ 100 mM 的盐溶液胁迫二倍体和四倍体马铃薯相对生长指数作为评价它们的指标。当盐分的电导率为 1.5 ~ 6.0 dS/m 时,马铃薯植株的鲜重、株高和叶面积是盐胁迫下最敏感的指标。也有一些研究表明,株高、长势和含水量可以作为盐胁迫的评价指标。盐胁迫下,6 个马铃薯品种的耐盐性与根的相对生长率紧密相关。在组培和田间试验条件下进行盐胁迫处理,观察到根鲜重与耐盐性存在正相关。用单个的形态或生理指标评价相对耐盐性简单易行,但是对于耐盐这个复杂问题来说,这种方法过于简单化。而多个形态和生理指标同时评价耐盐性是一种更有意义的方法。多种选择标准已经被应用在筛选耐盐的谷类和瓜果作物中。Khrais 等在组培条件下,用不同浓度的盐胁迫处理不同基因型的马铃薯,对多个形态和生理指标进行多元聚类分析,从而把不同基因型马铃薯进行耐盐性分类。如何证实这种方法获得的盐胁迫下的产量指标能否有效地预测田间试验的整株产量是非常重要的。在马铃薯的整个生育期和具有代表性发育期,有效的耐盐性筛选与适当的盐浓度的应用紧密联系。在马铃薯的整个生育期,结薯期是对盐最敏感的时期。在块茎形成期进行短期的盐胁迫是一种有效的对耐盐性全面评价的方法。

康玉林等研究不同盐浓度对马铃薯实生苗的影响,结果表明,随着基质中盐浓度的增加,实生种子生长受到抑制就越厉害,土壤中盐浓度达到 0.4% 时,幼苗的存活率仅为 14.3% ~ 27.8%,达到 0.6% 时,幼苗全部死亡。培养基中盐分达到 0.4% 时,幼苗的存活率为 40% ~ 46.7%,达到 0.6% 时为 10% ~ 23.3%。从实生种子中筛选抗(耐)盐品种系应先从培养基中开始,做初步淘汰工作,为最终的田间筛选节约大量的时间和工作。

王新伟用含 0%、0.1%、0.2%、0.3%、0.4% 5 种浓度 NaCl 的 MS 培养基胁迫马铃薯脱毒试管苗的办法,鉴定马铃薯品种的抗盐性。结果表明,随着盐浓度的升高,试管苗受影响的程度加重,其试管苗株高、根长、干物质及生物产量间差异显著,最后确定 0.3% NaCl 胁迫为临界浓度。

张耀辉等将马铃薯 12 个主栽品种的茎、叶作为外植体,进行愈伤组织诱导和耐盐碱愈伤组织的筛选,以及在 MS 分化培养上分化及植株再生的研究。结果表明,愈伤组织诱导率高的品种夏波蒂的诱导率为 96.1%、大西洋的诱导率为 92.9%,而且这两个品种的愈伤组织质量最好;筛选出耐盐碱性强的愈伤组织品种有坝薯 10 号、冀张薯 5 号及 1867;对芽的分化,分化率高的品种有坝薯 8 号、坝薯 10 号;筛选出了抗盐碱性强的再生苗 7 株,抗性中等的 60 株,抗性弱的

3 株,共 70 株。

崔焱森等利用不同浓度的 NaCl 对马铃薯大西洋试管苗进行了 20 d 胁迫。结果表明,随着盐浓度的升高,根和茎叶中 Na^+ 含量明显升高,K^+ 含量基本稳定,Na^+/K^+ 呈极显著的上升趋势,叶片中叶绿素含量下降,但丙二醛含量升高,质膜透性增大,脯氨酸大量积累,且在一定盐浓度下,脯氨酸含量与丙二醛含量和质膜透性间呈极显著的正相关,盐胁迫下,丙二醛积累的多少可反映马铃薯试管苗的受伤害程度。研究也表明,Na^+ 积累、膜透性增大和叶绿素含量下降是影响马铃薯试管苗生长的主要原因。

梁春波等研究了马铃薯新型栽培种在 $NaHCO_3$ 胁迫下的生长情况,结果表明 0.4% 为临界浓度。各个 $NaHCO_3$ 浓度胁迫下,耐盐性较高和中等的材料的平均株高多集中在 2 ~ 5 cm,各材料的生物产量随着盐浓度的升高有所下降,耐盐材料和中耐盐材料生物产量集中在 0.5 ~ 1.5 g/瓶。

张景云测定二倍体马铃薯的形态指标(芽长、根长、芽鲜重、根鲜重、芽干重和根干重)和生理指标(相对含水量、叶绿素含量、丙二醛含量、脯氨酸含量、超氧化物歧化酶活性、过氧化酶活性、可溶性糖含量和可溶性蛋白含量),筛选盐敏感度不同的二倍体无性系,通过对盐胁迫后对试管苗叶片超微结构的观察,发现耐盐无性系受到的破坏小于感盐无性系。质膜、叶绿体、线粒体、基粒均可以作为耐盐性评价的细胞学指标。

1.7 马铃薯分子遗传图谱构建及 QTL 定位的研究进展

普通栽培马铃薯(*Solanum tuberosum* subsp. *tuberosum*)是四倍体,表现为四体遗传,遗传分析困难。而大多数重要的经济性状都是数量性状,且表现连续变异。为了获得遗传变异,育种工作者将具有互补性状的亲本杂交。为了育出新品种,需要对大量的具有理想性状的无性系作表型选择。然而,为了设计更有效的育种方案,需要获得一些信息,如基因分离的数目、在染色体上的位置以及基因的效应。近年来,连锁分析理论和对由亲本杂交获得的全同胞家系 QTL 作图取得了一定的进展。这一理论的基础是四体遗传,即减数分裂时,同源四倍体的随机配对产生两对二价体。实际上,育性的差异会偏离四体遗传,产生多价体,且染色体间缺乏同源性,会出现随机配对偏离及偏分离现象。有限的可获得的细胞学研究表明,马铃薯细胞分裂主要产生二价体,而四价体、三价体和单价体产生的频率很低。在假设杂交后只能产生二价体的前提下,根据分析真实数据,一些不符合的后代产生而且需要被排除,这可能使重组率和 QTL 效应估计出现偏离。

这一理论被应用于加工型无性系 12601ab1(抗线虫, *S. tuberosum* subsp. *andigena*)和鲜食品种 Stirling(抗晚疫病, *S. demissum*)的杂交上。在染色体Ⅳ和Ⅺ上,发现了抗马铃薯白线虫的效应较强的 QTLs,在染色体Ⅳ上,发现了抗晚疫病效应较强的 QTLs,在染色体Ⅴ上,发现了早熟且易感晚疫病的 QTLs。由加工型无性系 12601ab1 和鲜食品种 Stirling 杂交获得由 227 个无性系构成的四倍体全同胞家系,利用区间作图法对这个家系的 16 个农艺性状和品质性状进行 QTL 定位。所有性状都表现出较高的遗传力,根据 3 年试验、两次重复的变量值估算出的遗传力范围为 54% ~ 92% ,共获得 39 个 QTLs。其中,在染色体Ⅴ上找到 1 个控制熟期的 QTL,能解释 56% 的表型变异,其他 QTL 能解释 5.4% ~ 16.5% 的表型变异。检测出 6 个与块茎烹饪后褐化有关 QTL、4 个控制薯形的 QTL、4 个控制块茎炸片颜色的 QTL、4 个耐低温糖化的 QTL、4 个与发芽有关的 QTL 等。

Costanzo 等利用二倍体 *Solanum phureja*×*S. stenotomum* 杂种群体和 RFLP 分子标记技术构建了一个抗晚疫病的遗传图谱。在这个作图群体中,发现了 3 个与晚疫病抗性有关的 QTL 区,能解释 10% ~ 23% 的总表型变异。这些 QTL 位于染色体Ⅲ、Ⅴ和Ⅺ上。染色体Ⅲ上主要的 QTL 能解释 23.4% 的总表型变异,且与 RFLP 标记 GP198 紧密连锁。Caromel 等借助于构建好的二倍体马铃薯 F_1

群体遗传图谱,找到两个抗马铃薯囊肿线虫的 QTL 位点,这两个位点分别位于第 5、10 染色体上,遗传贡献率分别为 76% 和 12.7%。为了获得控制耐干旱及干旱胁迫后恢复潜力的 QTL,Anithakumari 等利用 SNP 标记丰富的、完整的连锁图谱,在对照、干旱胁迫及恢复处理后的条件下,共检测到 23 个 QTL,可以解释的表型变异为 10.3% ~ 22.4%。在这些 QTL 中,10 个 QTL 位于第 2 条染色体上。3 个与根茎比有关的 QTL 位于第 2、3、8 连锁群上,这些位点可以解释的变异为 41.1%。

我国关于马铃薯图谱和 QTL 定位的研究较少。金黎平等构建了我国第一张马铃薯遗传连锁图谱,母本图谱含 75 个标记,12 个连锁群长度为 512 cM;父本图谱含 95 个标记,12 个连锁群长度为 578 cM,并应用构建的遗传图谱及作图群体,采用区间作图和多 QTL 复合作图方法对 4 种加工和农艺性状进行了 QTL 定位及遗传效应分析。在 02018 群体遗传图谱的 10 个连锁群上,共检测到 39 个 QTL。其中,控制炸片颜色的 QTL19 个,包含 3 个主效基因位点;控制干物质含量的 QTL 13 个,包含 3 个主效基因位点;控制单株结薯数的 QTL 7 个,没检测到控制单个块重的 QTL。另外,估算了单个 QTL 的遗传贡献率。多个控制炸片颜色和控制干物质含量的 QTL 位点出现在同一连锁群的同一区域内,从分子水平证明了这两个性状间的高度遗传相关。单友娇等用 129 对 SSR 引物进行连锁分析,构建了二倍体马铃薯分子遗传连锁图谱,包含 13 个连锁群,定位于 11 条染色体上。采用区间法,对二倍体马铃薯单株结薯数、单株产量、单个块茎重、块茎比重和炸片颜色性状进行 QTL 定位及遗传效应研究,共检测到 10 个 QTL,其中,两个控制马铃薯单株结薯数性状的 QTL 定位在第 5 和第 9 号染色体上,贡献率分别为 37.8% 和 52.1%;4 个控制马铃薯单株产量的 QTL 定位在第 5、7、11 号染色体上,其贡献率分别为 41.0%、12.3%、9.0% 和 5.8%;两个控制马铃薯单个块茎重性状的 QTL 定位在第 5、11 号染色体上,贡献率分别为 33.0% 和 16.1%;1 个控制马铃薯块茎比重性状的 QTL 定位在第 5 染色体上,贡献率为 11.2%;1 个控制炸片颜色性状的 QTL 定位在第 11 号染色体上,贡献率为 57.3% 。李竟才等利用 STS、SSR 和 AFLP 等标记,构建了 B3C1HP 群体的母本初步图谱,图谱总长 810 cM。基于此图谱,将条件 QTL 分析应用于马铃薯晚疫病数量抗性研究,定位了 6 个条件 QTL,1 个传统 QTL。祁缘为了补充丰富马铃薯晚疫病抗性 QTL 区域分子标记,通过生物信息学的方法,筛选得到 47 个与晚疫病相关的 EST 和候选基因,依此设计引物在 B3C1HP 群体中扩增出了 14 条差异带;采用 BSA 的策略和 AFLP 引物,回收差异条带测序,依次设计引物;将有多态性的带型整合到 B3C1HP 群体的原始数据中进行定位,总共有 8 个标记定位在 B3C1HP 母本的连锁群上,分别位于 Ⅰ、Ⅳ、Ⅵ、Ⅸ和Ⅺ号染色体,其中有两个标记定位在Ⅸ号染色体上 1 个 QTL dPI09a 置信区间内,该研究所定位的标记可为进一步加密 QTL 区域提供参考。

1.8 研究的目的和意义

在以往的研究中,研究者多注重在中性盐(NaCl)胁迫下四倍体马铃薯的形态或生理生化表现。但是,盐碱土以含 Na^+、Mg^{2+}、Ca^{2+} 及 CO_3^{2-}、HCO_3^-、Cl^-、SO_4^{2-} 浓度高为主要特征,盐土与碱土也常混合存在,单一的一种中性盐胁迫不能全面衡量马铃薯的耐盐碱能力。

植物细胞和组织培养一直以来是离体条件下研究胁迫耐受机制的有用工具。离体培养技术使快速大量的筛选耐受胁迫基因型成为可能,此后,离体植物培养甚至能在植物不同的发育阶段鉴定植物耐受胁迫的潜力。Nabors 指出这种技术已经成功用于对几个物种的耐胁迫植物生产上。马铃薯非常适合组织培养,微型扩繁、微型薯繁殖已经成为快速繁殖品种、种质资源保存和交换的有力工具。许多研究人员利用组织培养技术研究马铃薯的耐盐性,利用这种技术构建分子遗传图谱和 QTL 定位,检测到与株高、是否早熟、水分胁迫等有关的 QTL。

在组织培养条件下,研究二倍体马铃薯的耐盐性、耐碱性及耐盐相关性状的 QTL 定位对马铃薯的耐盐碱育种十分有意义。本试验在组织培养条件下,以适应长日照的富利亚(*Solanum phureja*,PHU)与窄刀薯(S. *stenotomum*,STN)的二倍体马铃薯杂种(PHU-STN)无性系试管苗为材料,旨在通过 NaCl 胁迫,筛选对 NaCl 敏感度不同的二倍体马铃薯无性系;通过 NaHCO₃ 胁迫,进一步研究已筛选出的对 NaCl 敏感度不同的二倍体马铃薯无性系的耐碱性;通过 NaCl 胁迫的盆栽试验,研究二倍体马铃薯在组培和盆栽试验条件下对盐敏感度的一致性;为马铃薯耐盐碱育种提供种质基础和理论依据。通过 SSR 和 AFLP 分子标记技术,构建马铃薯分子遗传图谱,对马铃薯耐盐相关性状进行 QTL 初步定位,找到可靠性好的 QTL,为马铃薯耐盐基因的精细定位和克隆提供理论与材料基础。

1.9 研究的主要内容

①通过测量 80 mmol/L NaCl 胁迫下,马铃薯试管苗的芽长、芽鲜重、芽干重、根长、根鲜重和根干重 6 个生长参数,对 164 个二倍体(PHU-STN)杂种后代无性系进行耐盐性鉴定,以亲本为对照,筛选对 NaCl 敏感度不同的无性系。

②从第一步筛选的对 NaCl 敏感度不同的无性系中,选出 5 份耐 NaCl 无性系、5 份感 NaCl 无性系、5 份中度耐 NaCl 无性系,以这 15 个无性系和两个亲本为材料,进行不同浓度的 NaCl 胁迫,测量相对含水量、叶绿素含量、丙二醛含量、脯氨酸含量、超氧化物歧化酶活性、过氧化酶活性、可溶性糖含量和可溶性蛋白含量,研究耐盐性不同的二倍体马铃薯对盐胁迫的生理反应,对 NaCl 敏感程度不同的无性系作进一步耐盐性鉴定。

③从第二步的 17 个无性系中,选出两份耐 NaCl 无性系、两份感 NaCl 无性系、两份中度耐 NaCl 无性系,以这 6 个无性系和两个亲本为材料,进行 NaCl 胁迫盆栽试验,测定相对含水量、叶绿素含量、丙二醛含量和可溶性糖含量。

④以第二步的 17 个无性系为材料,研究 NaHCO₃ 胁迫下,该 17 个无性系的

形态表现（6 个生长参数）和生理（同第二步）表现。

　　⑤利用 SSR 和 AFLP 分子标记技术构建马铃薯分子遗传连锁图谱。

　　⑥对二倍体马铃薯耐盐相关性状作 QTL 初步定位研究。

第2章 利用形态指标评价二倍体马铃薯耐盐性

2.1 形态指标评价耐盐性试验的材料与方法

2.1.1 试验材料

试验以 164 个二倍体马铃薯无性系和它们的亲本为材料。两个亲本是经 12 次轮回选择适应长日照的原始二倍体栽培种富利亚(*Solanum phureja*,PHU) 与窄刀薯(*Solanum stenotomum*,STN)杂种(PHU-STN)无性系,是从 45 份无性系 中经耐盐(NaCl)性筛选获得的,其中,母本 472-1 为耐盐亲本,父本 270-2 为感 盐亲本。

2.1.2 植物材料的获得

2009 年在东北农业大学的马铃薯杂交圃内将两亲本杂交,2010 年将杂交 获得的实生种子中约 300 粒用无菌水浸泡 12 h,75% 酒精消毒 30 s,无菌水冲洗 3 次,升汞消毒 5 min,无菌水冲洗 6 次,然后接种到装有 40 mL MS 培养基(pH= 5.8)的 100 mL 三角瓶中,每瓶接种 20 粒种子。放到组培室内培养,组培室的温度是(20 ± 2)℃,光照 2 000 ~ 3 000 lx,每日光照 16 h。20 d 后,实生种子陆续发芽并逐渐长成幼苗,待幼苗长到 4 ~ 6 片叶时,在超净工作台中,逐一剪出幼苗,将其切成带 1 片叶的茎段,接种到 MS 培养基上扩繁。每株幼苗为一个基因型,按照出苗顺序给每个基因型的幼苗编号。约 20 d 左右扩繁一次,经过 3 ~ 4 次扩繁,每个基因型约得到 30 株左右的试管苗。以后每 30 d 左右继代一次,保存组培苗,获得一个具有 164 个二倍体无性系的杂种群体,从该群体中随机取 94 个无性系作为构建分子遗传图谱的作图群体。

2.1.3　二倍体马铃薯的耐盐性形态鉴定

取 21 d 苗龄的组培苗,除去苗顶端和最下部,剪成带有 1 片叶的 1 cm 左右的茎段,将 164 个无性系和两个亲本分别接种到含有 0 mmol/L(pH = 5.8)和 80 mmol/L(pH = 5.8)NaCl 的 MS 培养基上,培养瓶用 100 mL 三角瓶,每瓶灌装 40 mL 培养基,每瓶接种 10 个茎段,每瓶为 1 次重复,完全随机设计,共 3 次重复。接种完成后,放在温度(20 ± 2)℃,光照 2 000 ~ 3 000 lx,每日光照 16 h 的组培室内培养。培养 28 d 后,测量芽长、芽鲜重、芽干重、根长、根鲜重和根干重。

芽长为茎段生长点到苗顶端的长度;根长为根中最长的根的长度;干重为 105 ℃下杀青 15 min 后,70 ℃下烘干至恒重的质量。

求出每个无性系的 6 个生长参数的平均值,以亲本为对照,选出对 NaCl 敏感度不同的 3 个组,每组 5 个无性系,即平均值高于耐盐亲本的无性系中最大的 5 个无性系构成耐盐组,平均值低于感盐亲本的无性系中最小的 5 个无性系构成感盐组,从两者中选 5 个中度耐盐无性系构成中耐盐组。用这 3 个对 NaCl 敏感度不同的组继续进行耐盐性(NaCl)生理生化鉴定以及 $NaHCO_3$ 胁迫下的形态与生理生化表现研究。

2.1.4　数据统计分析

使用 Microsoft Excel(Office 2003)和统计软件 DPS7.05 进行数据处理和统

计分析(包括方差分析、相关分析、回归分析、隶属函数分析、聚类分析和广义遗传力的估算)。由于形态指标的相对值能够消除无性系间固有的遗传差异,较之绝对值更能准确地反映出无性系间耐盐能力的差异,因此,统计分析均使用处理(80 mmol/L)和对照(0 mmol/L)的相对值(以下简称"相对值")。

$$相对值=\frac{处理性状每次重复值}{对照性状 3 次重复的平均值}\times100 \qquad (2.1)$$

(1)耐盐综合评价 D 值的计算

运用模糊数学隶属函数法对相对值进行标准化处理:

$$X_{(ij)}=\frac{X_{ij}-X_{j\min}}{X_{j\max}-X_{j\min}} \qquad (2.2)$$

式中,$X_{(ij)}$ 为 i 基因型 j 指标的隶属值;X_{ij} 为 i 基因型 j 指标的测定值;$X_{j\max}$、$X_{j\min}$ 分别为 j 指标的最大值和最小值。

权重确定采用标准差系数法,用式(2.3)计算标准差系数 V_j,式(2.4)归一化后得到各个形态指标的权重系数 W_j:

$$V_j=\frac{\sqrt{\sum_1^i\left[X_{(ij)}-\overline{X}_{(ij)}\right]^2}}{\overline{X}_{(ij)}} \qquad (2.3)$$

$$W_j=\frac{V_j}{\sum_1^j V_j} \qquad (2.4)$$

二倍体马铃薯杂种无性系的耐盐综合评价 D 值运算公式为:

$$D=\sum_1^j\left[X_{(ij)}\times W_j\right] \qquad (2.5)$$

(2)聚类分析方法

分别利用 6 个形态指标相对值和综合评价 D 值,对 166 个无性系(两个亲本+164 个后代)进行聚类分析,聚类距离为欧氏距离,聚类分析方法为离差平方和法。

(3)广义遗传力估算公式

以无性系平均值为单位广义遗传力估算公式为:

$$h^2 = \frac{\sigma_g^2}{(\sigma_g^2 + \sigma_e^2)} \tag{2.6}$$

其中

$$\sigma_e^2 = \frac{MS_{误差}}{n} \tag{2.7}$$

$$\sigma_g^2 = \frac{MS_{无性系间} - MS_{误差}}{n} \tag{2.8}$$

式中, n 为处理重复数。

2.2　二倍体马铃薯 PHU-STN 杂种无性系的遗传表现

80 mmol/L NaCl 胁迫下, 亲本和后代无性系的生长均受到不同程度的抑制, 直观表现为芽长和根长变短, 根数变少, 或部分无性系的根长变短, 一些感盐无性系甚至不能生出新的叶芽。除根长相对值外, 各后代无性系其余 5 个形态指标相对值均小于 100(小于 35), 且无性系间的差异有统计学意义。而各后代无性系的根长相对值平均数较高, 为 62.5, 其中, A014 等 5 个无性系的根长相对值大于 100, 其余无性系的相对值小于 100, 且各无性系间差异有统计学意义。感盐亲本的 6 个形态指标的相对值平均数均明显低于耐盐亲本; PHU-STN 杂种后代群体 6 个形态指标的相对值平均数最小值均小于感盐亲本, 最大值均大于耐盐亲本; 6 个形态指标均表现有较高的广义遗传力(均大于 0.85), 广义遗传力最高的指标为芽长, 达 0.931 1, 最低的为根干重, 为 0.860 8(表 2.1)。

表 2.1　80 mmol/L NaCl 胁迫下亲本和后代形态指标相对值平均数及遗传力

性状 Trait	亲本平均数		后代			σ_g^2	σ_e^2	h_m^2
	母本	父本	最小	最大	平均数			
芽长	33.8	7.8	2.2	66.5	21.2	95 637.77	13 253.79	0.931 1
芽鲜重	42.8	8.7	2.1	84.0	27.1	149 228.59	35 066.05	0.883 2

续表

性状 Trait	亲本平均数		后代			σ_g^2	σ_e^2	h_m^2
	母本	父本	最小	最大	平均数			
芽干重	35.3	15.4	3.0	99.4	33.2	147 586.12	36 344.43	0.877 6
根长	97.1	3.1	3.1	124.2	62.5	277 046.27	59 631.61	0.893 0
根鲜重	23.3	0.0	0.0	85.6	17.3	115 004.96	26 106.87	0.887 1
根干重	42.6	4.9	0.0	72.3	25.3	127 826.74	35 793.68	0.860 8

2.3　二倍体马铃薯耐盐资源和感盐资源筛选

由表 2.2 和表 2.3 可知,在 80 mmol/L NaCl 胁迫下,各无性系的芽长相对值均小于 100,且无性系间的芽长相对值存在极显著差异。A255、A066、A053、A108、A024、A152、A233、A200、A038、A139、A002、A100、A169 共 13 个无性系的芽长相对值显著或极显著高于耐盐母本 472-1,A120 和 A226 等共 13 个无性系的芽长相对值高于 472-1,但与 472-1 无显著差异,A232 和 A028 等共 30 个无性系的芽长相对值低于 472-1,但与 472-1 无显著差异。A148 等共 85 个无性系的芽长相对值与感盐父本 270-2 无显著差异,其中,A056 等 21 个无性系的芽长相对值低于 270-2。

表 2.2　80 mmol/L NaCl 胁迫下各性状相对值方差分析和多重比较 LSD 值

性状	$MS_{无性系间}$	$MS_{误差}$	F 值	$s_{\bar{x}_1-\bar{x}_2}$	$LSD_{0.05}$	$LSD_{0.01}$
芽长	579.622 9	39.921 0	14.519 0**	5.158 9	10.148 2	13.365 2
芽鲜重	904.415 7	105.620 6	8.563 0**	8.391 3	16.506 8	21.739 5
芽干重	894.461 4	109.471 2	8.171 0**	8.542 9	16.805	22.132 2
根长	1 679.068 3	179.613 3	9.348 0**	10.942 7	21.525 7	28.349 4
根鲜重	696.999 8	78.635 1	8.864 0**	7.240 0	14.242 3	18.757 8
根干重	774.707 5	107.812 3	7.186 0**	8.477 9	16.677 2	21.963 9

$df_{无性系间}=165$　$df_{误差}=332$　$F_{0.05}=1.242\ 7$　$F_{0.01}=1.359\ 2$　$t_{0.05}=1.967\ 1$　$t_{0.01}=2.590\ 7$

表 2.3　80 mmol/L NaCl 胁迫下芽长相对值

无性系	芽长	无性系	芽长	无性系	芽长	无性系	芽长	无性系	芽长	无性系	芽长
A255	66.5	A025	31.7	A231	23.1	A268	17.1	A134	11.8	A230	7.8
A066	66.4	A033	31.3	A164	23.0	A259	17.0	A130	11.8	A056	7.6
A053	64.1	A097	30.9	A272	21.8	A079	16.4	A031	11.7	A248	7.6
A108	60.4	A036	30.7	A219	21.5	A163	15.6	A117	11.6	A030	7.3
A024	58.2	A225	30.7	A205	21.4	A249	15.3	A154	11.5	A195	6.9
A152	55.6	A254	30.3	A019	21.1	A034	14.9	A064	11.4	A092	6.9
A233	55.6	A084	29.4	A090	20.9	A071	14.6	A082	11.4	A094	6.9
A200	53.9	A271	29.3	A095	20.7	A173	14.5	A016	11.3	A133	6.7
A038	53.5	A109	29.2	A063	20.5	A197	14.2	A236	11.3	A077	6.5
A139	47.4	A093	28.9	A004	20.4	A260	13.8	A008	11.2	A185	6.2
A002	46.9	A264	28.7	A180	20.4	A126	13.6	A006	11.0	A106	6.0
A100	44.7	A167	28.5	A107	20.2	A203	13.6	A044	10.8	A017	5.9
A169	44.7	A121	28.5	A215	19.6	A087	13.5	A132	10.8	A229	5.9
A120	42.7	A055	28.2	A124	19.5	A174	13.4	A015	10.6	A103	5.9
A096	42.6	A238	27.9	A267	19.3	A240	13.3	A210	10.5	A187	5.8
A013	41.7	A018	27.9	A138	19.2	A135	13.0	A074	10.3	A153	5.4
A050	41.3	A265	27.7	A099	18.9	A042	12.8	A058	10.2	A032	5.1

A059	39.6	A220	27.6	A170	18.7	A021	12.8	A045	10.2	A080	4.8
A003	39.2	A001	27.3	A204	18.4	A155	12.8	A136	10.0	A075	4.4
A037	37.7	A020	27.2	A048	18.3	A052	12.7	A091	9.6	A115	3.6
A022	37.5	A083	27.2	A110	18.1	A196	12.7	A068	9.5	A262	2.2
A041	36.1	A046	26.8	A072	18.0	A023	12.6	A193	9.5		
A201	35.8	A181	26.8	A148	17.9	A263	12.5	A179	9.3		
A122	35.3	A266	26.7	A116	17.8	A114	12.4	A111	9.2		
A069	34.8	A105	26.4	A142	17.7	A251	12.4	A007	9.0		
A226	34.7	A014	25.7	A247	17.6	A011	12.3	A227	8.8		
472-1	33.8	A073	24.8	A067	17.4	A166	12.1	A246	8.8		
A232	32.8	A028	24.0	A183	17.3	A039	12.0	A162	8.2		
A194	31.9	A221	23.6	A237	17.3	A253	11.9	**270-2**	7.8		

由表 2.2 和表 2.4 可知,在 80 mmol/L NaCl 胁迫下,各无性系的芽鲜重相对值均小于 100,且无性系间的芽鲜重相对值存在极显著差异。A108、A038、A002、A024、A066、A254、A013、A152、A238、A096、A053 共 11 个无性系的芽鲜重相对值显著或极显著高于耐盐母本 472-1,A200 和 A100 等共 15 个无性系的芽鲜重相对值高于 472-1,但与 472-1 无显著差异,A099 和 A225 等共 47 个无性系的芽鲜重相对值低于 472-1,但与 472-1 无显著差异。A090 和 A262 等 87 个无性系的芽鲜重相对值与感盐父本 270-2 无显著差异,其中,A045 等 19 个无性系的芽鲜重相对值低 270-2。

由表 2.2 和表 2.5 可知,在 80 mmol/L NaCl 胁迫下,各无性系的芽干重相对值均小于 100,且无性系间的芽干重相对值存在极显著差异。A038、A108、A096、A024、A254、A152、A002、A066、A072、A050、A233、A053、A003、A083、A120、A259、A110、A200、A167、A069、A004 共 21 个无性系的芽干重相对值显著或极显著高于耐盐母本 472-1,A201 和 A093 等共 44 个无性系的芽干重相对值高于 472-1,但与 472-1 无显著差异,A019 和 A048 等共 64 个无性系的芽干重相对值低于 472-1,但与 472-1 无显著差异。A260 和 A262 等共 35 个无性系的芽干重相对值与感盐父本 270-2 无显著差异,其中,A064 等 21 个无性系的芽干重相对值低于 270-2。

由表 2.2 和表 2.6 可知,在 80 mmol/L NaCl 胁迫下,二倍体马铃薯无性系的根长相对值平均数较高,为 62.5,A014、A271、A002、A238、A126 共 5 个无性系的根长相对值大于 100。这是因为盐胁迫抑制了根数的生长,一些二倍体无性系只能通过提高根长来吸收更多的营养以维持生长。由表 2.2 和表 2.6 可知,无性系间的根长相对值存在极显著差异。只有无性系 A014 的根长相对值显著高于耐盐母本 472-1,A271 和 A246 等 8 个无性系的根长相对值高于 472-1,但与 472-1 无显著差异,A028 和 A093 等 45 个无性系的芽干重相对值低于 472-1,但与 472-1 无显著差异。A185 和 A262 等 34 个无性系的根长相对值与感盐父本 270-2 无显著差异,其中,A019 等 8 个无性系的根长相对值低于 270-2。

表 2.4　80 mmol/L NaCl 胁迫下芽鲜重相对值

无性系	芽鲜重	无性系	芽鲜重	无性系	芽鲜重	无性系	芽鲜重	无性系	芽鲜重	无性系	芽鲜重
A108	84.0	A122	42.2	A059	29.7	A006	23.1	A008	15.6	A133	9.1
A038	83.2	A255	41.6	A116	29.6	A001	23.0	A074	15.5	270-2	8.7
A002	74.5	A220	40.4	A135	29.4	A183	22.8	A193	15.4	A045	8.5
A024	68.9	A272	39.9	A020	29.1	A055	21.8	A095	15.4	A155	8.4
A066	67.5	A170	39.1	A063	28.5	A194	20.7	A130	15.0	A091	7.3
A254	67.0	A036	38.8	A093	28.4	A068	20.6	A230	14.7	A185	7.0
A013	66.1	A264	38.6	A033	28.3	A021	20.0	A114	14.5	A132	7.0
A152	65.0	A084	38.6	A267	28.3	A180	19.9	A117	14.4	A173	6.8
A238	64.7	A231	38.0	A181	28.2	A215	19.6	A136	14.3	A077	6.5
A096	61.2	A169	37.9	A271	28.1	A196	19.5	A163	13.9	A162	6.4
A053	60.7	A087	37.8	A205	27.9	A179	19.2	A056	13.8	A094	6.3
A200	57.7	A018	37.2	A246	27.5	A134	18.9	A268	13.3	A080	6.0
A233	56.7	A203	37.0	A028	27.4	A046	18.4	A111	13.2	A032	5.7
A003	56.1	A237	36.3	A219	27.2	A148	18.1	A030	12.9	A082	5.7
A120	54.5	A204	35.9	A142	26.8	A079	18.1	A023	12.7	A106	5.6
A041	53.7	A039	35.8	A225	26.5	A007	18.0	A048	12.7	A229	5.4
A069	51.5	A019	35.6	A110	26.1	A227	17.9	A011	12.4	A153	4.7

续表

无性系	芽鲜重	无性系	芽鲜重	无性系	芽鲜重	无性系	芽鲜重	无性系	芽鲜重	无性系	芽鲜重
A167	51.0	A022	35.3	A265	26.0	A073	17.8	A052	12.1	A103	3.8
A139	49.5	A249	34.8	A105	26.0	A174	17.6	A195	12.1	A115	3.4
A083	49.2	A067	34.4	A031	25.4	A210	17.3	A015	11.8	A075	2.8
A050	48.8	A014	34.3	A090	25.0	A266	17.0	A138	11.5	A262	2.1
A037	45.8	A247	33.6	A197	24.9	A263	16.9	A017	10.8		
A259	45.1	A097	33.0	A166	24.4	A236	16.9	A042	10.5		
A004	44.8	A016	32.4	A124	24.4	A034	16.8	A187	10.3		
A201	44.1	A109	32.3	A164	24.3	A071	16.5	A092	10.1		
A100	44.0	A253	31.7	A072	24.1	A248	16.3	A260	9.8		
472-1	42.8	A107	31.0	A121	24.1	A154	16.3	A044	9.5		
A099	42.4	A232	30.9	A240	24.0	A126	16.1	A058	9.5		
A025	42.3	A226	30.3	A221	23.4	A251	16.0	A064	9.4		

表 2.5　80 mmol/L NaCl 胁迫下芽干重相对值

无性系	芽干重	无性系	芽干重	无性系	芽干重	无性系	芽干重	无性系	芽干重	无性系	芽干重
A038	99.4	A087	49.0	A197	38.7	A117	29.6	A121	21.9	A064	15.2
A108	82.9	A099	48.1	A020	38.2	A055	28.7	A251	21.6	A155	14.8
A096	77.5	A022	48.0	A037	38.1	A001	28.6	A007	21.6	A082	13.4
A024	76.7	A264	47.4	A135	36.9	A046	27.8	A263	21.3	A077	13.3
A254	72.3	A272	46.4	A033	36.7	A232	27.6	A074	21.2	A229	13.2
A152	70.3	A253	46.2	A267	36.3	A136	26.9	A193	21.1	A133	12.9
A002	69.5	A028	46.0	A093	35.8	A021	26.4	A114	21.1	A132	12.7
A066	68.5	A204	45.7	472-1	35.3	A179	25.8	A126	21.1	A045	12.0
A072	65.6	A122	45.5	A019	35.1	A164	25.8	A095	20.3	A185	11.9
A050	62.4	A249	45.4	A142	35.1	A134	25.8	A092	20.0	A091	11.7
A233	62.2	A018	44.0	A237	34.7	A130	25.7	A111	19.8	A106	11.5
A053	60.5	A169	43.3	A265	34.3	A219	25.6	A195	19.4	A032	11.0
A003	59.6	A109	43.1	A166	34.0	A210	25.6	A071	18.8	A162	10.6
A083	59.3	A014	42.5	A006	33.8	A124	25.5	A048	18.6	A084	10.4
A120	58.2	A036	42.5	A205	33.6	A056	25.1	A260	18.4	A173	9.8
A259	57.8	A246	42.4	A034	33.0	A073	25.0	A080	18.1	A153	8.8
A110	57.6	A226	42.2	A105	32.9	A248	24.7	A011	18.0	A103	8.0

续表

无性系	芽干重	无性系	芽干重	无性系	芽干重	无性系	芽干重	无性系	芽干重	无性系	芽干重
A200	56.6	A231	42.1	A196	32.4	A148	24.6	A044	17.9	A075	7.3
A167	54.8	A203	41.8	A221	32.2	A227	24.5	A042	17.8	A094	6.9
A069	53.8	A255	41.3	A266	32.1	A063	24.4	A163	17.8	A115	6.7
A004	53.1	A271	41.0	A181	32.0	A052	24.2	A015	17.5	A262	3.0
A201	51.7	A067	40.7	A090	31.7	A230	24.2	A030	17.3		
A013	51.6	A059	40.4	A225	31.7	A180	23.6	A268	17.0		
A041	50.0	A116	40.1	A183	31.4	A079	23.3	A017	16.8		
A170	49.7	A016	39.7	A240	31.2	A154	23.3	A187	16.5		
A220	49.7	A247	39.6	A031	30.9	A215	22.7	A023	16.4		
A025	49.6	A238	39.4	A039	30.2	A236	22.7	A058	16.3		
A139	49.3	A107	39.2	A174	30.1	A194	22.1	A138	15.7		
A100	49.1	A097	39.1	A068	29.9	A008	22.0	**270-2**	15.4		

表 2.6　80 mmol/L NaCl 胁迫下根长相对值

无性系	根长	无性系	根长	无性系	根长	无性系	根长	无性系	根长	无性系	根长
A014	124.2	A006	84.1	A084	73.8	A248	61.9	A105	49.9	A048	33.0
A271	112.0	A090	83.8	A109	72.9	A233	61.7	A265	49.9	A148	32.8
A002	105.1	A018	83.5	A020	72.5	A240	61.7	A122	49.4	A072	31.6
A238	102.1	A052	83.1	A114	72.2	A170	61.5	A087	48.6	A091	29.4
A126	101.0	A096	82.4	A039	71.6	A136	61.4	A263	48.6	A229	28.3
A059	99.1	A046	82.2	A205	70.9	A169	60.7	A193	48.4	A044	28.0
A100	98.0	A053	82.1	A023	70.5	A130	60.4	A004	48.2	A106	26.9
A036	97.9	A210	81.8	A215	70.5	A067	60.0	A197	47.9	A011	26.7
A246	97.5	A069	81.7	A116	70.5	A015	59.8	A133	46.3	A001	26.5
472-1	97.1	A272	81.5	A045	70.1	A181	59.7	A231	45.7	A103	26.5
A028	96.8	A220	80.3	A108	69.4	A163	59.7	A142	45.7	A115	22.8
A024	96.2	A124	79.9	A251	69.2	A055	59.2	A095	45.7	A064	20.9
A152	95.9	A121	79.4	A097	68.8	A034	58.9	A042	45.6	270-2	20.5
A266	95.6	A022	79.4	A196	68.3	A167	57.6	A232	44.8	A019	19.4
A016	95.2	A066	77.8	A195	67.4	A058	57.4	A071	43.4	A153	18.3
A264	95.1	A155	77.6	A008	66.4	A179	57.2	A185	41.1	A094	16.1
A237	94.7	A174	77.4	A253	66.3	A226	57.1	A056	40.4	A080	13.8

续表

无性系	根长	无性系	根长	无性系	根长	无性系	根长	无性系	根长	无性系	根长
A013	91.5	A041	77.4	A092	65.9	A260	56.8	A162	39.9	A032	9.7
A030	90.8	A247	77.1	A068	65.8	A038	56.1	A111	39.7	A083	9.3
A221	90.1	A025	76.7	A117	65.4	A164	55.4	A073	39.3	A227	8.7
A120	89.8	A037	76.7	A268	65.2	A074	55.0	A132	38.8	A262	3.1
A033	89.7	A050	76.6	A194	65.2	A017	54.9	A063	38.6		
A079	88.3	A267	76.2	A135	65.0	A249	54.4	A187	38.1		
A138	88.0	A166	76.1	A203	64.2	A134	54.3	A077	37.9		
A201	87.3	A254	76.0	A031	63.7	A200	53.3	A180	37.6		
A107	87.2	A093	76.0	A021	62.8	A219	53.1	A007	36.3		
A003	86.9	A259	75.3	A110	62.8	A183	52.1	A230	35.5		
A225	84.9	A255	74.8	A204	62.6	A099	52.0	A075	33.1		
A139	84.2	A154	74.2	A173	62.1	A236	51.4	A082	33.0		

由表 2.2 和表 2.7 可知，在 80 mmol/L NaCl 胁迫下，各无性系的根鲜重相对值均小于 100，无性系间的根鲜重相对值存在极显著差异。A117、A231、A016、A108、A200、A003、A210、A072、A002、A024、A052、A013、A107、A195、A116 共 15 个无性系的根鲜重相对值显著或极显著高于耐盐母本 472-1，A164 和 A109 等 13 个无性系的根鲜重相对值高于 472-1，但与 472-1 无显著差异，A059 和 A093 等共 49 个无性系的根鲜重相对值低于 472-1，但与 472-1 无显著差异。A058 和 A262 等 87 个无性系的根鲜重相对值与感盐父本 270-2 无显著差异，其中，A077 等 6 个无性系的根鲜重相对值低于 270-2。

由表 2.2 和表 2.8 可知，在 80mmol/L NaCl 胁迫下，各无性系的根干重相对值均小于 100，无性系间的根干重相对值存在极显著差异。A096、A072、A002、A152、A246 共 5 个无性系的根干重相对值显著或极显著高于耐盐母本 472-1，A038 和 A052 等 16 个无性系的根干重相对值高于 472-1，但与 472-1 无显著差异，A069 和 A226 等 50 个无性系的根干重相对值低于 472-1，但与 472-1 无显著差异。A196 和 A267 等 71 个无性系的根干重相对值与感盐父本 270-2 无显著差异，其中，A115 等 10 个无性系的根干重相对值低于 270-2。

表 2.10 和表 2.11 分别列出了各形态指标中高于耐盐母本 472-1 和低于盐敏感父本 270-2 的无性系。各形态指标的相对值在无性系间由大到小的顺序不同，根据不同形态指标筛选出的无性系不同。例如，芽长、芽鲜重、芽干重、根长，根鲜重和根干重相对值最大的无性系分别是 A255、A108、A038、A014、A117 和 A096。单一的一个形态指标不能很好地衡量无性系的耐盐性，可以利用 6 个形态指标进行耐盐性综合评价。

表 2.7 80 mmol/L NaCl 胁迫下根鲜重相对值

无性系	根鲜重	无性系	根鲜重	无性系	根鲜重	无性系	根鲜重	无性系	根鲜重	无性系	根鲜重
A117	85.6	A059	22.1	A196	13.2	A021	8.1	A187	4.0	A162	1.9
A231	84.3	A028	21.7	A114	13.2	A020	8.0	A063	4.0	A056	1.9
A016	62.6	A087	21.5	A203	13.1	A138	7.8	A074	3.9	A001	1.7
A108	60.8	A033	21.3	A135	12.9	A066	7.2	A155	3.8	A008	1.6
A200	50.0	A255	20.5	A170	12.7	A067	7.1	A019	3.8	A091	1.6
A003	49.3	A045	20.5	A018	12.0	A075	6.8	A055	3.7	A153	1.4
A210	49.2	A014	20.2	A124	11.7	A154	6.7	A179	3.6	A260	1.4
A072	48.7	A267	20.1	A122	11.4	A023	6.2	A133	3.6	A180	1.4
A002	44.5	A079	19.4	A090	11.4	A105	6.2	A193	3.5	A064	1.3
A024	42.9	A220	19.1	A044	11.0	A251	5.7	A240	3.4	A032	1.3
A052	41.9	A264	19.1	A221	10.8	A236	5.7	A219	3.3	A042	1.3
A013	40.9	A099	18.9	A136	10.6	A166	5.7	A031	3.2	A011	1.2
A107	40.6	A037	18.6	A050	10.5	A126	5.6	A265	3.1	A048	1.2
A195	38.3	A173	18.5	A134	10.4	A271	5.6	A092	3.1	270-2	1.1
A116	37.7	A022	17.8	A197	10.4	A121	5.5	A215	3.1	A103	1.1
A164	36.9	A246	17.7	A142	10.2	A017	5.4	A132	3.0	A077	0.8
A038	35.2	A097	17.3	A039	9.9	A025	5.4	A073	2.5	A115	0.7

ID	值	ID	值	ID	值	ID	值	ID	值	ID	值
A167	34.3	A238	16.9	A268	9.4	A249	5.3	A015	2.5	A094	0.5
A139	33.3	A225	16.7	A041	9.1	A194	5.2	A226	2.5	A083	0.0
A068	30.8	A254	16.1	A093	9.1	A181	4.9	A163	2.5	A227	0.0
A096	30.4	A232	15.7	A058	9.0	A004	4.8	A266	2.4	A262	0.0
A237	30.3	A053	15.1	A082	9.0	A130	4.7	A229	2.4		
A152	30.0	A233	14.5	A007	8.9	A174	4.3	A185	2.4		
A248	25.5	A071	14.4	A111	8.7	A106	4.3	A148	2.4		
A100	25.2	A205	14.3	A247	8.5	A110	4.2	A183	2.3		
A259	23.7	A253	14.2	A169	8.3	A230	4.1	A080	2.2		
A120	23.7	A272	13.9	A036	8.3	A084	4.1	A095	2.2		
A109	23.3	A046	13.7	A030	8.3	A204	4.1	A263	2.1		
472-1	23.3	A069	13.5	A006	8.2	A201	4.0	A034	1.9		

表 2.8 80 mmol/L NaCl 胁迫下根干重相对值

无性系	根干重	无性系	根干重	无性系	根干重	无性系	根干重	无性系	根干重	无性系	根干重
A096	72.3	A020	38.7	A006	30.4	A030	22.6	A219	15.7	A082	9.1
A072	69.3	A238	38.5	A179	28.8	A255	22.5	A236	15.4	A162	8.6
A002	63.3	A053	38.5	A249	28.8	A194	22.3	A007	15.2	A075	8.5
A152	62.4	A013	37.7	A099	28.4	A197	22.1	A130	14.9	A187	8.3
A246	61.7	A090	37.3	A134	28.0	A022	22.0	A063	14.6	A011	7.5
A038	58.6	A253	37.0	A046	27.8	A021	22.0	A185	14.6	A048	7.3
A016	56.8	A039	37.0	A059	27.7	A023	21.8	A093	14.1	A044	6.6
A024	53.7	A071	37.0	A272	27.1	A196	21.3	A183	14.0	A032	6.0
A003	53.6	A018	36.1	A124	26.8	A114	21.1	A015	13.6	A042	5.4
A050	52.2	A139	36.0	A230	26.6	A154	21.0	A055	13.2	A229	5.1
A068	51.9	A170	36.0	A117	26.5	A181	21.0	A132	13.2	270-2	4.9
A107	51.8	A100	35.4	A267	26.4	A142	20.5	A193	12.8	A115	3.9
A210	51.1	A067	35.0	A226	26.2	A019	20.4	A008	12.1	A080	3.3
A028	48.5	A135	34.7	A017	25.7	A155	20.2	A091	12.0	A103	3.1
A014	48.2	A174	33.3	A110	24.8	A240	19.3	A111	11.9	A077	2.6
A108	48.1	A204	33.3	A248	24.4	A266	19.3	A034	11.9	A064	2.6
A220	48.1	A233	32.9	A004	24.3	A268	19.1	A180	11.5	A083	0.0

A264	47.9	A087	32.8	A164	24.2	A092	19.1	A260	11.5	A094	0.0
A247	46.9	A033	32.4	A201	24.2	A079	18.5	A148	11.1	A106	0.0
A259	43.2	A084	32.2	A136	23.8	A173	18.2	A095	10.9	A227	0.0
A052	42.9	A097	31.8	A251	23.7	A058	18.2	A133	10.8	A262	0.0
472-1	42.6	A169	31.8	A232	23.7	A122	17.9	A265	10.7		
A069	42.6	A066	31.8	A138	23.4	A045	17.4	A263	10.5		
A237	42.4	A025	31.5	A037	23.4	A105	17.0	A163	10.3		
A203	40.2	A109	31.5	A121	23.3	A215	16.8	A073	10.3		
A041	39.6	A271	31.3	A200	23.1	A225	16.7	A126	10.1		
A254	39.5	A120	31.3	A167	22.9	A074	16.2	A001	10.0		
A116	39.1	A221	31.1	A031	22.8	A205	16.2	A153	9.8		
A036	38.8	A231	30.7	A166	22.8	A195	15.7	A056	9.2		

表 2.9　80 mmol/L NaCl 胁迫下各无性系综合评价 D 值

无性系	D 值	无性系	D 值	无性系	D 值	无性系	D 值	无性系	D 值	无性系	D 值
A108	0.761 2	A041	0.415 8	A020	0.315 4	A105	0.241 6	A173	0.186 9	A132	0.105 7
A038	0.750 3	A220	0.411 8	A225	0.313 0	A248	0.240 1	A179	0.186 9	A011	0.104 7
A024	0.689 1	A259	0.406 6	A203	0.311 1	A142	0.237 2	A073	0.178 6	A133	0.103 5
A002	0.686 4	A059	0.402 3	A267	0.311 0	A197	0.233 5	A023	0.176 9	A187	0.099 5
A152	0.637 9	A028	0.392 2	A253	0.301 8	A196	0.233 4	A034	0.176 7	A185	0.094 1
A096	0.610 8	A237	0.391 3	A232	0.298 2	A166	0.228 7	A130	0.169 0	A091	0.088 2
A003	0.598 9	A037	0.391 0	A004	0.298 2	A265	0.227 6	A180	0.166 0	A227	0.086 0
A013	0.567 2	A116	0.385 6	A090	0.297 7	A174	0.226 1	A236	0.163 8	A162	0.084 9
A200	0.566 2	A210	0.383 2	A221	0.296 0	A055	0.225 4	A155	0.161 7	A064	0.080 0
A053	0.542 9	A022	0.380 5	A226	0.295 0	A019	0.223 7	A095	0.160 6	A075	0.072 1
A066	0.536 1	A036	0.371 9	A204	0.287 1	A071	0.221 4	A007	0.156 2	270-2	0.071 8
A231	0.534 2	A109	0.371 4	A046	0.286 1	A138	0.212 8	A058	0.156 2	A077	0.069 8
A139	0.513 0	A169	0.369 6	A067	0.284 3	A219	0.211 5	A148	0.155 2	A229	0.067 1
A016	0.498 4	A033	0.368 5	A093	0.282 7	A134	0.210 7	A074	0.154 5	A106	0.062 1
A120	0.490 3	A201	0.365 8	A084	0.279 6	A114	0.208 7	A008	0.154 1	A080	0.057 4
A233	0.487 1	A018	0.359 5	A039	0.278 7	A031	0.207 6	A230	0.151 7	A153	0.054 2
A254	0.480 0	A025	0.355 0	A135	0.278 2	A021	0.206 5	A163	0.150 8	A103	0.047 5

编号	值	编号	值	编号	值	编号	值	编号	值	编号	值
A100	0.479 0	A246	0.353 6	A205	0.273 7	A240	0.202 9	A017	0.146 3	A032	0.045 5
A255	0.469 4	A097	0.350 3	A110	0.270 3	A215	0.201 5	A263	0.144 1	A094	0.039 0
A072	0.462 7	A052	0.342 4	A249	0.266 0	A063	0.198 7	A092	0.143 1	A115	0.035 9
A050	0.461 3	A272	0.341 7	A124	0.265 0	A136	0.197 4	A111	0.141 2	A262	0.000 2
A117	0.449 3	A099	0.335 8	A121	0.258 9	A126	0.197 1	A193	0.140 3		
A238	0.443 1	A271	0.335 2	A079	0.258 5	A154	0.193 9	A015	0.138 0		
A107	0.435 9	A122	0.334 8	A181	0.255 7	A045	0.192 8	A260	0.134 7		
A069	0.435 1	A164	0.330 9	A195	0.253 0	A268	0.192 7	A048	0.127 2		
A167	0.434 0	A170	0.330 9	A266	0.250 9	A183	0.192 6	A044	0.124 8		
472-1	0.431 1	A087	0.325 2	A083	0.250 7	A251	0.190 6	A056	0.120 5		
A014	0.422 6	A068	0.324 3	A006	0.248 9	A001	0.188 1	A082	0.113 7		
A264	0.419 2	A247	0.318 0	A194	0.247 7	A030	0.187 7	A042	0.113 6		

表 2.10 80 mmol/L NaCl 胁迫下 6 个形态指标和 D 值高于耐盐亲本的无性系

无性系	芽长	无性系	芽鲜	无性系	芽干重	无性系	芽干重	无性系	根长	无性系	根鲜重	无性系	根干重	无性系	D 值
A255	66.5	**A108**	84.0	**A038**	99.4	A272	46.4	**A014**	124.2	**A117**	85.6	**A096**	72.3	A108	0.762 7
A066	66.4	A038	83.2	A108	82.9	A253	46.2	A271	112.0	A231	84.3	A072	69.3	A038	0.748 7
A053	64.1	A002	74.5	A096	77.5	A028	46.0	A002	105.1	A016	62.6	A002	63.3	A024	0.689 9
A108	60.4	A024	68.9	A024	76.7	A204	45.7	A238	102.1	A108	60.8	A152	62.4	A002	0.686 5
A024	58.2	A066	67.5	A254	72.3	A122	45.5	A126	101.0	A200	50.0	A246	61.7	A152	0.637 8
A152	55.6	A254	67.0	A152	70.3	A249	45.4	A059	99.1	A003	49.3	A038	58.6	A096	0.609 9
A233	55.6	A013	66.1	A002	69.5	A018	44.0	A100	98.0	A210	49.2	A016	56.8	A003	0.599 1
A200	53.9	A152	65.0	A066	68.5	A169	43.3	A036	97.9	A072	48.7	A024	53.7	A013	0.568 2
A038	53.5	A238	64.7	A072	65.6	A109	43.1	A246	97.5	A002	44.5	A003	53.6	A200	0.568 2
A139	47.4	A096	61.2	A050	62.4	A014	42.5	**472-1**	**97.1**	A024	42.9	A050	52.2	A053	0.543 8
A002	46.9	A053	60.7	A233	62.2	A036	42.5			A052	41.9	A068	51.9	A066	0.537 3
A100	44.7	A200	57.7	A053	60.5	A246	42.4			A013	40.9	A107	51.8	A231	0.535 5
A169	44.7	A233	56.7	A003	59.6	A226	42.2			A107	40.6	A210	51.1	A139	0.513 9
A120	42.7	A003	56.1	A083	59.3	A231	42.1			A195	38.3	A028	48.5	A016	0.497 8
A096	42.6	A120	54.5	A120	58.2	A203	41.8			A116	37.7	A014	48.2	A120	0.491 3
A013	41.7	A041	53.7	A259	57.8	A255	41.3			A164	36.9	A108	48.1	A233	0.488 0
A050	41.3	A069	51.5	A110	57.6	A271	41.0			A038	35.2	A220	48.1	A254	0.480 4

A059	39.6	A167	51.0	A200	56.6	A067	40.7			A167	34.3	A264	47.9	A100	0.479 6
A003	39.2	A139	49.5	A167	54.8	A059	40.4			A139	33.3	A247	46.9	A255	0.470 9
A037	37.7	A083	49.2	A069	53.8	A116	40.1			A068	30.8	A259	43.2	A072	0.461 1
A022	37.5	A050	48.8	A004	53.1	A016	39.7			A096	30.4	A052	42.9	A050	0.460 8
A041	36.1	A037	45.8	A201	51.7	A247	39.6			A237	30.3	**472-1**	**42.6**	A117	0.450 3
A201	35.8	A259	45.1	A013	51.6	A238	39.4			A152	30.0			A238	0.443 4
A122	35.3	A004	44.8	A041	50.0	A107	39.2			A248	25.5			A107	0.435 2
A069	34.8	A201	44.1	A170	49.7	A097	39.1			A100	25.2			A069	0.435 2
A226	34.7	A100	44.0	A220	49.7	A197	38.7			A259	23.7			A167	0.435 1
472-1	**33.8**	**472-1**	**42.8**	A025	49.6	A020	38.2			A120	23.7			**472-1**	**0.431 0**
				A139	49.3	A037	38.1			A109	23.3				
				A100	49.1	A135	36.9			**472-1**	**23.3**				
				A087	49.0	A033	36.7								
				A099	48.1	A267	36.3								

表 2.11 80 mmol/L NaCl 胁迫下 6 个形态指标和 D 值低于盐敏感亲本的无性系

无性系	芽长	无性系	芽鲜重	无性系	芽干重	无性系	根长	无性系	根鲜重	无性系	根干重	无性系	D 值
270-2	7.8	270-2	8.7	270-2	15.4	270-2	20.5	270-2	1.1	270-2	4.9	270-2	0.072 0
A230	7.8	A045	8.5	A064	15.2	A019	19.4	A103	1.1	A115	3.9	A077	0.070 1
A056	7.6	A155	8.4	A155	14.8	A153	18.3	A077	0.8	A080	3.3	A229	0.067 1
A248	7.6	A091	7.3	A082	13.4	A094	16.1	A115	0.7	A103	3.1	A106	0.062 4
A030	7.3	A185	7.0	A077	13.3	A080	13.8	A094	0.5	A077	2.6	A080	0.057 5
A195	6.9	A132	7.0	A229	13.2	A032	9.7	A083	0.0	A064	2.6	A153	0.053 9
A092	6.9	A173	6.8	A133	12.9	A083	9.3	A227	0.0	A083	0.0	A103	0.047 6
A094	6.9	A077	6.5	A132	12.7	A227	8.7	A262	0.0	A094	0.0	A032	0.045 4
A075	4.4	A262	2.1	A094	6.9					A106	0.0	A094	0.039 2
A115	3.6			A115	6.7					A227	0.0	A115	0.035 9
A262	2.2			A262	3.0					A262	0.0	A262	0.000 2

2.4　PHU-STN 杂种无性系耐盐性综合评价

根据式(2.2)将亲本和 164 个无性系的各形态指标的相对值进行标准化转化,获得了各指标相对值的隶属函数值。根据式(2.3)和式(2.4)分别计算出衡量芽长、芽鲜重、芽干重、根长、根鲜重和根干重对各无性系耐盐性贡献率的权重系数,分别为 0.151 8、0.269 3、0.096 2、0.138 1、0.167 8 和 0.176 9。根据式(2.5),将隶属函数值与权重系数复合运算得到各无性系耐盐性的综合评价 D 值(表2.9),并按由大到小的顺序进行排名,排名越前,耐盐性越强。筛选出 A108、A038、A024、A002、A152、A096、A003、A013、A200、A053、A066、A231、A139、A016、A120、A233、A254、A100、A255、A072、A050、A117、A238、A107、A069、A167 共 26 个无性系的 D 值高于耐盐亲本 472-1(表 2.10),A077、A229、A106、A080、A153、A103、A032、A094、A115、A262 共 10 个无性系的 D 值低于感盐亲本 270-2(表2.11)。

2.5　形态指标与综合评价 D 值的相关分析

通过 6 个形态指标及综合评价 D 值间的相关性分析可揭示指标间是否存在依存关系及相关关系的方向与强度。在 80 mmol/L NaCl 胁迫下,6 个形态指标相对值及综合评价 D 值间的相关系数见表 2.12。各个形态性状间均存在极显著的正相关。芽长与芽鲜重及与芽干重的相关系数均较高,分别为 0.83 和 0.76,芽鲜重与芽干重的相关系数最高,为 0.92;根干重与芽干重(0.74)、根长(0.63)及芽鲜重(0.69)的相关系数均大于 0.6 小于 0.75,根干重与根鲜重的相关系数为 0.59;其余性状间的相关系数均小于 0.5。

综合评价 D 值与 6 个形态指标相对值分别存在极显著的正相关,且相关系数均大于 0.60,表明综合评价 D 值可以全面反映各无性系的耐盐性。

表 2.12   6 个形态指标相对值和 D 值的相关系数

性状	芽长	芽鲜重	芽干重	根长	根鲜重	根干重	D 值
芽长	—						
芽鲜重	0.83**	—					
芽干重	0.76**	0.92**	—				
根长	0.46**	0.48**	0.45**	—			
根鲜重	0.35**	0.46**	0.48**	0.37**	—		
根干重	0.49**	0.69**	0.74**	0.63**	0.59**	—	
D 值	0.81**	0.90**	0.90**	0.64**	0.73**	0.83**	—

2.6   聚类分析

分别利用 6 个形态指标相对值和综合评价 D 值,对 166 个无性系进行聚类分析,两种方法均将 166 个无性系分为 4 个类群。166 个无性系在 4 个类群中的分布情况见表 2.13 以及如图 2.1 和图 2.2 所示,4 个类群中各无性系 6 个形态指标相对值的平均数见表 2.14。由表可知,第一类群到第四类群的每个形态指标相对值的平均数呈由大到小的顺序排列,第一类群为强耐盐组,第二类群为中耐盐组,第三类群为弱耐盐组,第四类群为盐敏感组。从表 2.13 可知,分别按照 6 个形态指标和 D 值进行聚类,相同类群所包含的无性系有所不同,其中有一些无性系是被共同包含在同一类群的(表中加黑的无性系),第一类群中共同包含 24 个无性系,第二类群中共同包含 36 个无性系,第三类群中共同包含 51 个无性系,第四类群中共同包含 24 个无性系。在进行耐盐筛选工作中,如果没有参考对照,可以考虑用两种方法分别聚类,然后筛选出在同一类群中共同包含的无性系,以便提高筛选的精确性。

表 2.13　各无性系在不同类群中的分布

类群	形态指标 Morphological trait	D 值
第一类	A002、A003、A013、A024、A038、A041、A050、A053、A066、A069、A096、A100、A108、A120、A139、A152、A167、A200、A220、A233、A238、A254、A255、A259	472-1、A002、A003、A013、A014、A016、A024、A038、A041、A050、A053、A059、A066、A069、A072、A096、A100、A107、A108、A117、A120、A139、A152、A167、A200、A220、A231、A233、A238、A254、A255、A259、A264
第二类	472-1、A004、A006、A014、A016、A018、A020、A022、A025、A028、A030、A033、A036、A037、A039、A046、A052、A059、A067、A068、A072、A079、A084、A087、A090、A093、A097、A099、A107、A109、A110、A116、A117、A121、A122、A124、A126、A135、A138、A155、A166、A169、A170、A174、A201、A203、A204、A205、A210、A221、A225、A226、A231、A237、A246、A247、A249、A253、A264、A266、A267、A271、A272	A004、A018、A020、A022、A025、A028、A033、A036、A037、A039、A046、A052、A068、A087、A090、A097、A099、A109、A116、A122、A164、A169、A170、A174、A201、A203、A210、A221、A225、A226、A232、A237、A246、A247、A253、A267、A271、A272
第三类	A001、A007、A008、A015、A017、A019、A021、A023、A031、A034、A042、A045、A055、A056、A058、A063、A071、A073、A074、A083、A092、A095、A105、A111、A114、A130、A134、A136、A142、A148、A154、A163、A164、A173、A179、A180、A181、A183、A193、A194、A195、A196、A197、A215、A219、A230、A232、A236、A240、A248、A251、A260、A263、A265、A268	A001、A006、A007、A008、A015、A017、A019、A021、A023、A030、A031、A034、A039、A045、A046、A055、A058、A063、A067、A071、A073、A074、A079、A083、A084、A092、A093、A095、A105、A110、A111、A114、A121、A124、A126、A130、A134、A135、A136、A138、A142、A148、A154、A155、A163、A166、A173、A174、A179、A180、A181、A183、A193、A194、A195、A196、A197、A204、A205、A215、A219、A230、A236、A240、A248、A249、A251、A260、A263、A265、A266、A268
第四类	270-2、A011、A032、A044、A048、A064、A075、A077、A080、A082、A091、A094、A103、A106、A115、A132、A133、A153、A162、A185、A187、A227、A229、A262	270-2、A011、A032、A042、A044、A048、A056、A064、A075、A077、A080、A082、A091、A094、A103、A106、A115、A132、A133、A153、A162、A185、A187、A227、A229、A262

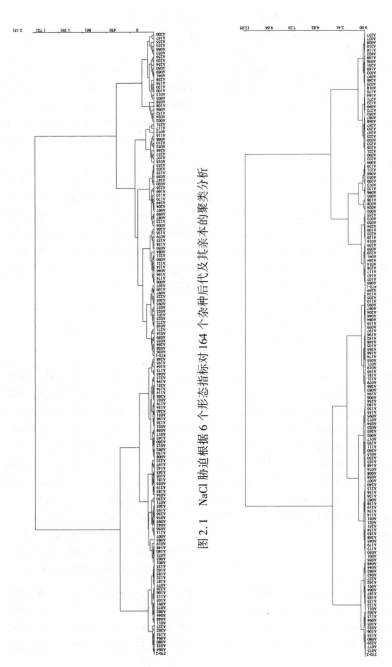

图 2.1　NaCl 胁迫根据 6 个形态指标对 164 个杂种后代及其亲本的聚类分析

图 2.2　NaCl 胁迫下根据 D 值对 164 个杂种后代及其亲本的聚类分析

注：箭头方向为耐盐性增强方向。
Note：The arrow indicates increasing salt tolerance.

从表 2.14 可知,根据 6 个形态指标聚类和 D 值聚类后,第一类群和第二类群相比,根长相对值平均数的差异较小,这说明根长可能不是一个理想的形态筛选指标。

表 2.14　不同类群中各无性系 6 个形态指标相对值的平均数

平均数	6 个形态指标聚类				D 值聚类			
	第一类	第二类	第三类	第四类	第一类	第二类	第三类	第四类
芽长	45.1	22.0	15.6	7.7	39.8	24.3	16.2	7.9
芽鲜重	58.9	29.8	18.7	7.3	52.2	32.6	20.2	7.7
芽干重	61.4	37.6	24.8	12.8	57.2	40.1	26.4	13.5
根长	80.5	77.3	53.3	26.7	80.0	74.5	60.6	27.9
根鲜重	27.8	18.0	7.4	2.6	33.3	17.5	7.2	2.5
根干重	44.4	32.9	17.4	6.1	44.4	33.9	19.8	6.2

2.7　利用形态指标评价二倍体马铃薯耐盐性小结

本试验参考了 Zhang 和 Donnelly 以及张景云的研究,进行了 40 mmol/L、80 mmol/L 和 120 mmol/L NaCl 胁迫的预备试验,试验过程中观察发现,如果 NaCl 浓度太高,有的无性系可能会长不出新的叶芽,或长出叶芽后停止生长,甚至死亡;而 NaCl 浓度太低,又不能很好地区分出无性系的耐盐性差异。本试验选择在 80 mmol/L NaCl 胁迫下测定 6 个形态指标进行筛选。

在 80 mmol/L NaCl 胁迫下,各无性系间的 6 个形态指标(芽长、芽鲜重、芽干重、根长、根鲜重和根干重)的相对值均存在极显著差异,后代群体无性系中每个形态指标的相对值平均数最小值均小于感盐父本,最大值均大于耐盐母本,这说明本试验的这个 PHU-STN 二倍体马铃薯群体具有丰富的遗传变异,可以作为构建马铃薯耐盐遗传连锁图谱的作图群体,为后续研究马铃薯耐盐形态指标的 QTL 定位奠定基础。

根据综合评价 D 值,筛选出的 A108 等 26 个耐盐无性系,A077 等 10 个盐敏感无性系,这些无性系是拓宽现有遗传资源背景和培育耐盐品种的重要种质资源,可以继续对其进行耐盐盆栽试验,从而更为精确地评价其耐盐性。

对于马铃薯这样的无性繁殖作物来说,性状的广义遗传力对育种选择具有重要的指导意义,因为从获得杂交种子起,无论基因型是否纯合,其无性繁殖特性,都不再分离,因此在分离的群体中进行选择是有效的。另外,如果二倍体马铃薯能够产生未减数花粉(即 2n 花粉),且是第一次分裂重组型(first division restitution,FDR),在 4x-2x 杂交组合中,可以将二倍体马铃薯约 80% 的异质性传递给其四倍体后代,估算研究性状的广义遗传力,在 4x-2x 杂交育种中具有重要意义。本试验 6 个形态指标的广义遗传力值均大于 0.85,说明这几个性状主要由遗传因素控制,受环境影响较小。在今后的工作中,可以将耐盐性强的无性系移栽至大田,待开花后,检测是否有 2n 花粉产生。有 2n 花粉的无性系,有希望通过 4x-2x 杂交将耐盐基因转移到四倍体栽培种中,拓宽现有马铃薯种质资源的耐盐遗传背景,从而为选育出耐盐性强的四倍体栽培品种奠定基础。

单一的形态指标所反映的各无性系间的耐盐性强弱往往具有一定的局限性,只有通过对多项指标进行综合评价才能客观评价各无性系耐盐性的强弱。在耐盐资源筛选工作中,在有对照的情况下,可以利用隶属函数法,计算综合评价 D 值,通过比较对照和试验材料的 D 值来评价研究材料的耐盐情况。在没有对照的情况下,可以分别根据 D 值和形态指标值进行聚类,结合聚类结果和形态指标的表现,评价研究材料的耐盐情况。

本试验中,相对其他 5 个形态指标(相对值平均数均小于 35),根长相对值较高,后代无性系根长相对值的平均数为 62.5,其中有 5 个无性系的根长相对值高于 100,最大值为 124.2。在测量过程中发现,芽长值大的无性系多表现为根数也多,但是根长并不一定长,而芽长值小的无性系多表现出根数很少或根数为 1,而根长却很长,这说明盐胁迫抑制盐敏感马铃薯长出更多的根,耐盐无性系可以通过较多的根吸收营养以维持生长,而盐敏感无性系因为盐胁迫不能长出更多的根,只有通过根的变长来吸收营养,这与郭建荣等和谷俊等的研究结果一致。另外,聚类分析后,第一类群和第二类群的根长相对值差异较小,也说明根长可能不是一个理想的形态筛选指标。今后在组织培养条件下对马铃薯无性系进行耐盐性评价时,可以考虑用主根数替代根长,作为耐盐筛选的一个形态指标,即 6 个形态指标包括芽长、芽鲜重、芽干重、主根数、根鲜重和根干重。

本试验对耐盐无性系的筛选是在组织培养条件下以单茎段培养的方式进行的,目前已经有一些在组织培养条件下筛选耐盐材料的相关报道。Morpurgo研究发现,5 节点茎段培养的组培苗在盐胁迫下的根鲜重与田间盐水灌溉条件下的马铃薯块茎鲜重相关,根鲜重与耐盐性存在正相关。Zhang 和 Donnelly 在组培条件下鉴定不同基因型马铃薯的耐盐性,3 种培养方法(单茎段、根尖和微型薯)得到了相似的试验结果,即所鉴定的几个马铃薯基因型的耐盐顺序是一致的,田间的盐水灌溉试验再次证实了这个结果,而单茎段生物测定比根尖和微型薯生物测定操作更简单。

另外,本试验所研究的 PHU-STN 二倍体马铃薯群体 6 个形态指标的广义遗传力值均大于 0.9,广义遗传力高可能是因为耐盐胁迫试验是在组织培养条件下进行的,组织培养条件能够保证胁迫试验条件的一致性,降低了环境引起的变异。总之,组织培养条件下筛选目标种质资源时,所需周期短,不受季节限制,当需要筛选较大群体种质资源时,在温室或田间筛选前,可以通过组培的方法进行预筛选。

综上所述,本试验筛选出 26 个耐盐无性系和 10 个盐敏感无性系;形态指标和综合评价 D 值两种方法均将 166 个无性系分为 4 个类群;根长不是理想的形态筛选指标,后续研究可用主根数替代根长,作为耐盐筛选的形态指标之一。今后的研究可利用筛选出的无性系进行耐盐盆栽试验,进一步更准确地评价其耐盐性,以用于耐盐育种。研究结果为快速评价大量马铃薯种质资源的耐盐性和马铃薯耐盐育种提供了理论依据和材料基础。

第3章 利用生理生化指标评价二倍体马铃薯耐盐性

3.1 利用生理生化指标评价耐盐性的材料与方法

3.1.1 试验材料

将 166 个二倍体马铃薯无性系按综合评价 D 值由大到小排序后,选择 5 个 D 值高于耐盐亲本 472-1 的耐盐无性系 A108、A002、A024、A038、A152 构成耐盐组,选择 5 个 D 值低于感盐亲本 270-2 的无性系 A094、A080、A032、A115、A262 构成感盐组,随机选 5 个 D 值处于顺序中间位置的无性系 A205、A079、A249、A121、A174 构成中度耐盐组,这 15 个无性系和它们的亲本进行进一步的耐盐性生理鉴定及耐碱($NaHCO_3$)性研究。

3.1.2 待测试管苗的培养

取 21 d 苗龄的组培苗,除去苗顶端和最下部,剪成带有 1 片叶的 1 cm 左右的茎段,分别接种到含有 0 mmol/L、10 mmol/L、20 mmol/L 和 30 mmol/L NaCl 的 MS 培养基上(pH 值均为 5.8),培养瓶用 100 mL 三角瓶,每瓶灌装 40 mL 培养基,接种 10 个茎段,为 1 次重复,每个盐浓度重复 3 次,完全随机设计。接种完成后,放在温度(20 ± 2)℃,光照 2 000 ~ 3 000 lx,每日光照 16 h 的组培室内培养。培养 28 d 后,测量下列生理指标。

3.1.3 生理生化指标的测定

(1)相对含水量

称取 0.4 g 左右(W_f)马铃薯鲜样,将样品浸入蒸馏水中 6 ~ 8 h,取出后用吸水纸擦干,称重;再将样品浸入蒸馏水中 1 h,取出,擦干,称重,直至样品饱和质量恒重,即得样品饱和鲜重(W_t),然后烘干,称出干重(W_d)。

$$相对含水量(\text{Relative water content},\text{RWC}) = \frac{W_f - W_d}{W_t - W_d} \times 100 \qquad (3.1)$$

(2)叶绿素含量

称取待测样品 0.5 g,放入研钵中加入纯丙酮 5 mL,少许石英砂和碳酸钙粉,研磨成匀浆,再加 80% 丙酮 5 mL,将匀浆转入离心管中,离心后弃沉淀,上清液用 80% 丙酮定容至 20 mL。

取上述色素提取液 1 mL,加 80% 丙酮 4 mL 稀释后转入比色杯中,以 80% 丙酮为对照,分别测定 663 nm、645 nm 和 470 nm 处的光密度值。

$$C_T = 20.21 OD_{645} + 8.02 OD_{663}$$

$$C_a(叶绿素 a 的浓度 \text{ mg/L}) = 12.7 OD_{663} - 2.69 OD_{645}$$

$$C_b(叶绿素 b 的浓度 \text{ mg/L}) = 22.9 OD_{645} - 4.68 OD_{663}$$

$$C_{x.c}(类胡萝素的浓度 \text{ mg/L}) = \frac{1\,000 OD_{470} - 3.27 C_a - 104 C_b}{229}$$

$$叶绿素含量(\text{mg/g}) = \frac{n \times C \times N}{W} \qquad (3.2)$$

式中,C 为色素浓度,mg/L;n 为提取液体积,L;W 为样品鲜重 g;N 为稀释倍数。

(3)丙二醛和可溶性糖含量

准确称取 0.5 g 丙二醛,加入 10% 三氯乙酸研磨成匀浆至 5 mL,移至离心管中,3 000 r/min 离心 10 min,吸取 2 mL 提取液,再加入 2 mL 0.6% 硫代巴比妥酸,在沸水中煮沸 10 min,取出冷却,4 000 r/min 离心 10 min,测定 450 nm、532 nm 和 600 nm 的 OD 值,计算丙二醛(Malondialdehyde,MDA)含量和可溶性糖含量(Soluble sugar content)。

MDA 浓度 $C_{\mu mol/L} = 6.45(A_{532} - A_{600}) - 0.56A_{450}$

$$\text{MDA 含量}(\mu mol/g\ FW) = \frac{\text{MDA 浓度}(\mu mol/L) \times \text{提取液体积}(L)}{\text{植物组织鲜重}(g)} \quad (3.3)$$

可溶性糖浓度 $C_{mmol/L} = 11.71A_{450}$

$$\text{可溶性糖含量}(mmol/g\ FW) = \frac{\text{可溶性糖浓度}(mmol/L) \times \text{提取液体积}(L)}{\text{植物组织鲜重}(g)}$$

$$(3.4)$$

(4)脯氨酸含量

茚三酮法:

试验材料 0.5 g 放入研钵中,加质量分数为 3% 的磺基水杨酸 5 mL 研磨提取,沸水浴 10 min,冷却后 3 000 r/min 离心 10 min;吸取上清液 2 mL,加冰乙酸 2 mL 和显色液 3 mL,沸水 40 min,取出冷却后各管加甲苯 5 mL,充分振荡,萃取红色物质。静置待分层后吸取甲苯层 520 nm 比色。代入下列公式计算:

$$\text{脯氨酸含量}(\mu g/g) = \frac{C \times V}{a \times W} \quad (3.5)$$

式中,C 为提取液中脯氨酸的含量,μg,由标准曲线求得;V 为提取液总体积,mL;a 为测定时所吸取的体积,mL;W 为样品重,g。

(5)超氧化物歧化酶(Superoxide dismutase,SOD)活性

氮蓝四唑(NBT)法:

试验材料 0.5 g 放入预冷的研钵中,加预冷的提取介质(50 mM pH 7.8 磷酸缓冲液,内含 1% 的聚乙烯吡咯烷酮)5 mL,冰浴研磨成匀浆,10 000 r/min 冰冻离心 20 min,上清液即为所需的粗酶提取液。

在 3 mL 反应混合液(14.5 mM 甲硫氨酸,3 μM EDTA,2.25 mM NBT,60

μM)中,加入粗酶液 0.4 mL,再加入提取液 1.6 mL,避光下混合均匀,在 4 000 lx 光强下照射 10 min,取出注意避光,560 nm 比色。

$$SOD \text{ 总活性}(U/mg) = \frac{(A_{CK} - A_E) \times V}{0.5 \times A_{CK} \times W \times V_t} \tag{3.6}$$

式中,A_{CK} 为照光对照管消光度;A_E 为照光样品管消光度;V 为样品液总体积,mL;V_t 为测定时样品用量,mL;W 为样品鲜重,g。

(6)过氧化物酶(Peroxidase,POD)活性

愈创木酚比色法:

试验材料 0.5 g 放入研钵中,加入适量磷酸缓冲液和少量石英砂研磨成匀浆,低温 4 000 r/min 离心 10 min,定容至 25 mL;反应体系:0.05 M pH5.5 的磷酸缓冲液 2.9 mL;质量分数为 2% 的 H_2O_2 1 mL;0.05 M 愈创木酚 0.1 mL 和酶液 1 mL。用煮沸 5 min 的酶液作为对照,反应体系中加入酶液后,37 ℃ 保温 15 min,然后迅速转入冰水浴中,加入浓度为 20% 的三氯乙酸 2 mL 终止反应,5 000 r/min 离心 10 min,适当稀释,470 nm 比色,重复 3 次。代入下列公式计算:

$$POD \text{ 活性}([\Delta A_{470}/(g \cdot FW \cdot min)]) = \frac{\Delta_{470} \times V_t}{0.01 \times W \times V_s \times T} \tag{3.7}$$

式中,$\Delta470$ 为反应时间内吸光值的变化;W 为植物组织鲜重,g;T 为反应时间;V_t 为提取酶液总体积,mL;V_s 为测定时酶液体积,mL。

(7)可溶性蛋白含量

试验材料 0.5 g 放入研钵中,加蒸馏水 2 mL 研磨成匀浆,洗涤研钵,放置 1 h,4 000 r/min 离心 20 min,弃沉淀,上清液定容至 10 mL;吸取样品提取液 1 mL,加入考马斯亮蓝 G-250 5 mL,充分混匀,放置 2 min 后 595 nm 比色,重复 3 次。代入下列公式计算:

$$\text{蛋白含量}(mg/g) = \frac{c \times V}{1\ 000 \times V_1 \times W} \tag{3.8}$$

式中,c 为由标准曲线求得的蛋白的含量,mg;V 为提取液总体积,mL;V_1 为测定液体积,mL;W 为样品鲜重,g。

3.1.4　统计分析

使用 Microsoft Excel（Office 2003）和统计软件 DPS7.05 进行数据处理和方差分析。

组间（Between-group comparision）和组内（Within-group comparison）比较按照 Gomez 和 Gomez 的方法进行。方差分析、多重比较、组间和组内比较均使用处理和对照的相对值［式（2.1）］，综合评价 D 值根据式（2.3）、式（2.4）、式（2.5）和式（2.6）计算。

3.2　NaCl 胁迫对不同盐敏感型二倍体马铃薯叶绿素含量的影响

在不同浓度 NaCl 胁迫下，处理两个亲本+15 个后代间的叶绿素 a 含量相对值均差异极显著。把处理效应进一步分解后，发现母本和父本间的叶绿素 a 含量相对值差异均极显著，组间差异也均极显著。10 mmol/L 和 30 mmol/L NaCl 胁迫下，组内差异均极显著，20 mmol/L NaCl 胁迫下，中耐盐组和感盐组内均差异极显著，而耐盐组内无显著差异。在不同浓度 NaCl 胁迫下，耐盐亲本的叶绿素 a 含量相对值均极显著高于感盐亲本，且 3 组间的叶绿素 a 含量相对值均差异极显著，由高到低的顺序为耐盐组>中耐盐组>感盐组。10 mmol/L NaCl 胁迫下，耐盐亲本、耐盐组和中耐盐组的叶绿素 a 含量相对值均大于 100，感盐亲本和感盐组的叶绿素 a 含量相对值均小于 100；随着盐浓度的升高，在 20 mmol/L 和 30 mmol/L NaCl 胁迫下，亲本和 3 个组的叶绿素 a 含量相对值下降，且均小于 100（表 3.1、表 3.5）。

在不同浓度 NaCl 胁迫下，处理两个亲本+15 个后代间的叶绿素 b 含量相对值均差异极显著。把处理效应进一步分解后，发现母本和父本间的叶绿素 b 含量相对值均差异极显著,组间差异也均极显著;10 mmol/L 和 30 mmol/L NaCl 胁迫下,组内差异均极显著,20 mmol/L NaCl 胁迫下,中耐盐组和感盐组内均差异极显著,而耐盐组内无显著差异。在不同浓度 NaCl 胁迫下,耐盐亲本的叶绿素 b 含量相对值均极显著高于感盐亲本,且 3 组间的叶绿素 b 含量相对值均差异极显著,由高到低的顺序均为耐盐组>中耐盐组>感盐组。10 mmol/L NaCl 胁迫下,耐盐亲本和耐盐组的叶绿素 b 含量相对值均大于 100,感盐亲本、中耐盐组和感盐组的叶绿素 b 含量相对值均小于 100;随着盐浓度的升高,在 20 mmol/L 和 30 mmol/L NaCl 胁迫下,亲本和 3 个组的叶绿素 b 含量相对值下降,且均小于 100(表 3.1、表 3.5)。

在不同浓度 NaCl 胁迫下,处理两个亲本+15 个后代间的叶绿素总含量相对值均差异显著或极显著。把处理效应进一步分解后,发现母本和父本间的叶绿素总含量相对值均差异显著或极显著,组间差异也均极显著。10 mmol/L NaCl 胁迫下,组内差异极显著;20 mmol/L NaCl 胁迫下,中耐盐组和感盐组内差异极显著,而耐盐组内无显著差异;30 mmol/L NaCl 胁迫下,组内差异均不显著。在不同浓度 NaCl 胁迫下,耐盐亲本的叶绿素总含量相对值显著或极显著高于感盐亲本,且 3 组间的叶绿素总含量相对值均差异极显著,由高到低的顺序均为耐盐组>中耐盐组>感盐组。10 mmol/L NaCl 胁迫下,耐盐亲本和耐盐组的叶绿素总含量相对值均大于 100,感盐亲本、中耐盐组和感盐组的叶绿素总含量相对值均小于 100;随着盐浓度的升高,20 mmol/L 和 30 mmol/L NaCl 胁迫下,亲本和 3 个组的叶绿素总含量相对值下降,且均小于 100(表 3.2、表 3.5)。

在不同浓度 NaCl 胁迫下,处理两个亲本+15 个后代间的类胡萝卜素含量相对值均差异极显著。把处理效应进一步分解后,发现母本和父本间的类胡萝卜素含量相对值均差异显著或极显著,组间差异也均极显著。10 mmol/L NaCl 胁迫下,耐盐组和感盐组内类胡萝卜素含量相对值差异极显著,中耐盐组内无显著差异;20 mmol/L 和 30 mmol/L NaCl 胁迫下,组内类胡萝卜素含量相对值无显著差异。在不同浓度 NaCl 胁迫下,耐盐亲本的类胡萝卜素含量相对值显著或极显著高于感盐亲本,且 3 组间的类胡萝卜素含量相对值均差异显著或极显著,由高到低的顺序均为耐盐组>中耐盐组>感盐组。10mmol/L NaCl 胁迫下,耐盐亲本和耐盐组的类胡萝卜素含量相对值均大于 100,感盐亲本、中耐盐组和感盐组的类胡萝卜素含量相对值均小于 100;随着盐浓度的升高,20 mmol/L 和 30 mmol/L NaCl 胁迫下,亲本和 3 个组的类胡萝卜素含量相对值下降,且均小于 100(表 3.2、表 3.6)。

3.3 NaCl 胁迫对不同盐敏感型二倍体马铃薯相对含水量的影响

在不同浓度 NaCl 胁迫下,处理两个亲本+15 个后代间的相对含水量相对值均差异极显著。把处理效应进一步分解后,发现母本和父本间的相对含水量相对值均差异极显著,组间差异也均极显著。10 mmol/L 和 20 mmol/L NaCl 胁迫下,组内相对含水量相对值差异均极显著,30 mmol/L NaCl 胁迫下,中耐盐组内差异极显著,而耐盐组和感盐组内均无显著差异。在不同浓度 NaCl 胁迫下,耐盐亲本的相对含水量相对值均极显著高于感盐亲本,且 3 组间的相对含水量相对值均差异极显著,由高到低的顺序均为耐盐组>中耐盐组>感盐组。10 mmol/L-1 NaCl 胁迫下,耐盐亲本、耐盐组和中耐盐组的相对含水量相对值均大于100,感盐亲本、感盐组的相对含水量相对值小于 100;随着盐浓度的升高,在 20 mmol/L-1 和 30 mmol/L-1NaCl 胁迫下,亲本和 3 个组的相对含水量相对值下降,且均小于100(表 3.2、表 3.6)。

表 3.1　不同浓度 NaCl 胁迫下二倍体马铃薯叶绿素 a 和 b 含量相对值的方差分析

	df	$F_{叶绿素a含量}$			$F_{叶绿素b含量}$			$F_{0.05}$	$F_{0.01}$
		10 mmol/L	20 mmol/L	30 mmol/L	10 mmol/L	20 mmol/L	30 mmol/L		
处理	16	119.11**	19.17**	18.67**	69.21**	28.65**	15.52**	1.95	2.58
亲本 vs. 后代	1	0.25	3.07	9.28**	1.86	4.78*	3.80	4.13	7.44
母本 vs. 父本	1	33.63**	43.87**	7.80**	29.32**	14.93**	18.63**	4.13	7.44
组间	2	38.99**	43.02**	99.40**	106.54**	55.13**	36.18**	3.28	5.29
耐盐组内	4	428.11**	1.20	9.09**	12.71**	0.30	9.89**	2.65	3.93
中耐盐组内	4	8.69**	4.94**	3.58*	69.21**	39.92**	7.33**	2.65	3.93
感盐组内	4	11.66**	37.30**	8.04**	9.73**	41.89**	21.16**	2.65	3.93
误差	34								

注：* 表示 5% 显著水平，** 表示 1% 显著水平。下同。

表 3.2　不同浓度 NaCl 胁迫下二倍体马铃薯叶绿素总含量等 3 个生理指标相对值的方差分析

	df	$F_{叶绿素总含量}$			$F_{类胡萝卜素含量}$			$F_{相对含水量}$		
		10 mmol/L	20 mmol/L	30 mmol/L	10 mmol/L	20 mmol/L	30 mmol/L	10 mmol/L	20 mmol/L	30 mmol/L
处理	16	258.74**	24.23**	2.37*	21.78**	2.69**	15.02**	36.80**	48.23**	11.14**
亲本 vs. 后代	1	19.69**	0.37	0.04	0.02	0.10	2.68	14.22**	1.15	9.60**
母本 vs. 父本	1	134.14**	24.30**	4.91*	8.26**	4.84*	47.25**	20.21**	8.06**	34.23**
组间	2	98.73**	36.50**	12.54**	24.43**	13.85**	87.76**	104.45**	28.83**	50.91**
耐盐组内	4	872.53**	0.96	0.69	60.76**	1.77	0.63	36.31**	141.55**	2.00
中耐盐组内	4	16.04**	6.84**	0.15	2.62	0.40	0.78	32.70**	13.78**	5.86**
感盐组内	4	58.57**	64.70**	1.11	9.44**	0.45	2.30	17.35**	20.88**	0.27
误差	34									

注：各自由度下的 $F_{0.05}$ 和 $F_{0.01}$ 值见表 3.1。下同。

表 3.3 不同浓度 NaCl 胁迫下二倍体马铃薯丙二醛含量等 3 个生理指标相对值的方差分析

	df	$F_{丙二醛含量}$			$F_{脯氨酸含量}$			$F_{可溶性糖含量}$		
		10 mmol/L	20 mmol/L	30 mmol/L	10 mmol/L	20 mmol/L	30 mmol/L	10 mmol/L	20 mmol/L	30 mmol/L
处理	16	26.51**	105.03**	30.52**	834.60**	3 283.12**	201.67**	270.03**	57.58**	669.80**
亲本 vs. 后代	1	23.54**	0.88	3.36	0.70	9.98**	8.09**	4.75*	1.34	0.02
母本 vs. 父本	1	79.04**	48.61**	33.37**	193.22**	420.60**	376.90**	62.22**	26.40**	79.09**
组间	2	56.68**	97.34**	47.94**	605.80**	1 920.51**	1 002.55**	118.20**	153.43**	131.73**
耐盐组内	4	43.06**	8.19**	1.67	2 033.25**	5 985.07**	174.46**	233.99**	45.89**	45.58**
中耐盐组内	4	8.45**	193.74**	37.62**	705.11**	22.34**	5.70**	34.82**	53.22**	254.91**
感盐组内	4	0.56	157.15**	49.65**	248.68**	6 057.15**	28.98**	735.46**	47.56**	2 293.08**
误差	34									

表 3.4 不同浓度 NaCl 胁迫下二倍体马铃薯 SOD 活性等 3 个生理指标相对值的方差分析

	df	$F_{可溶性蛋白含量}$			$F_{SOD活性}$			$F_{POD活性}$		
		10 mmol/L	20 mmol/L	30 mmol/L	10 mmol/L	20 mmol/L	30 mmol/L	10 mmol/L	20 mmol/L	30 mmol/L
处理	16	3.13**	12.57**	51.15**	27.49**	21.65**	93.58**	39.51**	27.80**	27.28**
亲本 vs. 后代	1	0.12	2.04	23.20**	0.13	1.07	43.27**	0.68	0.40	0.52
母本 vs. 父本	1	11.86**	10.02**	94.34**	19.92**	25.22**	242.82**	20.78**	7.56**	36.35**
组间	2	12.53**	37.92**	235.35**	81.32**	129.70**	521.57**	60.78**	93.27**	159.04**
耐盐组内	4	2.19**	7.93**	3.02*	0.71	5.87**	18.25**	58.74**	54.79**	10.44**
中耐盐组内	4	0.98	0.21	46.41**	63.21**	6.66**	20.54**	56.60**	2.12	6.80**
感盐组内	4	0.09	20.16**	8.12**	0.38	2.65*	3.20*	6.93**	5.66**	3.16*
误差	34									

表 3.5　不同浓度 NaCl 胁迫下亲本及各组组间叶绿素 a 含量等 3 个生理指标相对值（%）的差异显著性

无性系	叶绿素 a 含量			叶绿素 b 含量			叶绿素总含量		
	10 mmol/L	20 mmol/L	30 mmol/L	10 mmol/L	20 mmol/L	30 mmol/L	10 mmol/L	20 mmol/L	30 mmol/L
母本（耐盐）	113.55aA	96.70aA	89.62aA	105.22aA	95.98aA	90.23aA	116.36aa	95.70aA	90.77aA
父本（感盐）	92.51bB	82.57bB	85.03bA	88.23bB	85.96bB	79.06bB	88.83bB	85.31bB	83.95bA
耐盐组	109.84aA	96.12aA	90.02aA	105.11aA	93.41aA	91.71aA	104.28aA	95.29aA	91.08aA
中耐盐组	100.58bB	91.48bB	84.27bB	93.54bB	89.06bB	88.27bB	97.30bB	91.05bB	87.82bA
感盐组	95.74cC	87.28cC	79.63cC	84.69cC	82.01cC	81.39cC	92.65cC	87.24cC	84.19cAB

注：采用 Duncan's 多重比较法，同列不同小写字母表示差异达 5% 显著水平，同列不同大写字母表示差异达 1% 显著水平。下同。

表 3.6　不同浓度 NaCl 胁迫下亲本及各组组间类胡萝卜素含量等 3 个生理指标相对值（%）的差异显著性

无性系	类胡萝卜素含量			相对含水量			丙二醛含量		
	10 mmol/L	20 mmol/L	30 mmol/L	10 mmol/L	20 mmol/L	30 mmol/L	10 mmol/L	20 mmol/L	30 mmol/L
母本（耐盐）	113.04aA	96.77aA	88.23aA	108.55aA	98.01aA	90.80aA	109.44bB	122.57bB	159.56bB
父本（感盐）	91.58bB	86.08bA	74.13bB	98.13bB	94.33bB	78.96bB	139.05aA	174.23aA	232.06aA
耐盐组	114.57aA	98.09aA	89.06aA	106.08aA	99.16aA	92.68aA	108.07cC	119.51cC	157.30cC
中耐盐组	99.07bB	92.01bAB	82.93bB	102.84bB	96.78bB	88.41bB	114.97bB	149.64bB	181.27bB
感盐组	91.71cB	86.66cB	76.91cB	95.66cC	94.78cC	83.56cC	123.89aA	164.95aA	212.11aA

3.4 NaCl 胁迫对不同盐敏感型二倍体马铃薯丙二醛含量的影响

在不同浓度 NaCl 胁迫下,处理两个亲本和 15 个后代间的丙二醛含量相对值均差异极显著。把处理效应进一步分解后,发现母本和父本间的丙二醛含量相对值均差异极显著,组间差异也均极显著。10 mmol/L NaCl 胁迫下,耐盐组和中耐盐组内的丙二醛含量相对值差异极显著,而感盐组内无显著差异;20 mmol/L NaCl 胁迫下,3 个组内的丙二醛含量相对值差异均极显著;30 mmol/L NaCl 胁迫下,中耐盐组和感盐组内差异极显著,而耐盐组内无显著差异。在不同浓度 NaCl 胁迫下,感盐亲本的丙二醛含量相对值均极显著高于耐盐亲本,且 3 组间的丙二醛含量相对值均差异极显著,由高到低的顺序均为感盐组>中耐盐组>耐盐组。在不同浓度 NaCl 胁迫下,亲本和 3 个组的丙二醛含量相对值均大于 100,且随着盐浓度的升高,亲本和 3 个组的丙二醛含量相对值也升高(表 3.3、表 3.6)。

3.5 NaCl 胁迫对不同盐敏感型二倍体马铃薯脯氨酸含量的影响

在不同浓度 NaCl 胁迫下,处理两个亲本+15 个后代间的脯氨酸含量相对值均差异极显著。把处理效应进一步分解后,发现母本和父本间的脯氨酸含量相对值差异均极显著,组间差异均极显著,各组内的差异也均极显著。在不同浓度 NaCl 胁迫下,耐盐亲本的脯氨酸含量相对值均极显著高于感盐亲本,且 3 组间的脯氨酸含量相对值均差异极显著,由高到低的顺序均为耐盐组>中耐盐组>感盐组。在不同浓度 NaCl 胁迫下,亲本和 3 个组的脯氨酸含量相对值均大于 100,且随着盐浓度的升高,亲本和 3 个组的脯氨酸含量相对值明显升高(表 3.3、表 3.7)。

3.6　NaCl 胁迫对不同盐敏感型二倍体马铃薯可溶性糖含量的影响

在不同浓度 NaCl 胁迫下,处理两个亲本+15 个后代间的可溶性糖含量相对值均差异极显著。把处理效应进一步分解后,发现母本和父本间的可溶性糖含量相对值均差异极显著,组间差异也均极显著,各组内的差异也均极显著。在不同浓度 NaCl 胁迫下,耐盐亲本的可溶性糖含量相对值均极显著高于感盐亲本,且 3 组间的可溶性糖含量相对值均差异极显著,由高到低的顺序均为耐盐组>中耐盐组>感盐组。在不同浓度 NaCl 胁迫下,亲本和 3 个组的可溶性糖含量相对值均大于 100,且随着盐浓度的升高,亲本和 3 个组的可溶性糖含量相对值也升高(表 3.3、表 3.7)。

3.7　NaCl 胁迫对不同盐敏感型二倍体马铃薯可溶性蛋白含量的影响

在不同浓度 NaCl 胁迫下,处理两个亲本+15 个后代间的可溶性蛋白含量相对值均差异极显著。把处理效应进一步分解后,发现母本和父本间的可溶性蛋白含量相对值均差异极显著,组间差异也均极显著,耐盐组内差异均极显著,中耐盐组内仅在 30 mmol/L 时差异极显著,感盐组内在 20 mmol/L 和 30 mmol/L 时差异显著或极显著。在不同浓度 NaCl 胁迫下,耐盐亲本的可溶性蛋白含量相对值均极显著高于感盐亲本,且 3 组间的可溶性蛋白含量相对值均差异极显著,由高到低的顺序均为耐盐组>中耐盐组>感盐组。在不同浓度 NaCl 胁迫下,亲本和 3 个组的可溶性蛋白含量相对值均大于 100,且随着盐浓度的升高,亲本和 3 个组的可溶性蛋白含量相对值也升高(表 3.4、表 3.7)。

3.8 NaCl 胁迫对不同盐敏感型二倍体马铃薯 SOD 活性的影响

在不同浓度 NaCl 胁迫下,处理两个亲本+15 个后代间的 SOD 活性相对值均差异极显著。把处理效应进一步分解后,发现母本和父本间的 SOD 活性相对值均差异极显著,组间差异也均极显著。10 mmol/L NaCl 胁迫下,中耐盐组内 SOD 活性相对值差异极显著,而耐盐组和感盐组内无显著差异;20 mmol/L 和 30 mmol/L NaCl 胁迫下,各组内的 SOD 活性相对值差异显著或极显著。在不同浓度 NaCl 胁迫下,耐盐亲本的 SOD 活性相对值均极显著高于感盐亲本,且 3 组间的 SOD 活性相对值均差异极显著,由高到低的顺序均为耐盐组>中耐盐组>感盐组。在不同浓度 NaCl 胁迫下,亲本和 3 个组的 SOD 活性相对值均大于 100,且随着盐浓度的升高,亲本和 3 个组的 SOD 活性相对值也升高(表 3.4、表 3.8)。

3.9 NaCl 胁迫对不同盐敏感型二倍体马铃薯 POD 活性的影响

在不同浓度 NaCl 胁迫下,处理两个亲本+15 个后代间的 POD 活性相对值均差异极显著。把处理效应进一步分解后,发现母本和父本间的 POD 活性相对值均差异极显著,组间差异也均极显著。10 mmol/L 和 30 mmol/L NaCl 胁迫下,各组内的 POD 活性相对值差异显著或极显著;20 mmol/L NaCl 胁迫下,耐盐组和感盐组内的 POD 活性相对值差异显著或极显著,而中耐盐组内 POD 活性相对值无显著差异。在不同浓度 NaCl 胁迫下,耐盐亲本的 POD 活性相对值均极显著高于感盐亲本,且 3 组间的 POD 活性相对值均差异极显著,由高到低的顺序均为耐盐组>中耐盐组>感盐组。在不同浓度 NaCl 胁迫下,亲本和 3 个组的 POD 活性相对值均大于 100,且随着盐浓度的升高,亲本和 3 个组的 POD 活性相对值也升高(表 3.4、表 3.8)。

表 3.7　不同浓度 NaCl 胁迫下亲本及各组间脯氨酸含量等 3 个生理指标相对值（%）的差异显著性

无性系	脯氨酸含量			可溶性糖含量			可溶性蛋白含量		
	10 mmol/L	20 mmol/L	30 mmol/L	10 mmol/L	20 mmol/L	30 mmol/L	10 mmol/L	20 mmol/L	30 mmol/L
母本（耐盐）	728.27aA	871.08aA	1067.72aA	125.18aA	134.85aA	147.88aA	111.56aA	123.67aA	145.19aA
父本（感盐）	469.27bB	592.36bB	816.99bB	104.92bB	117.69bB	121.85bB	100.30bB	108.58bB	124.66bB
耐盐组	747.46aA	956.79aA	1058.54aA	120.71aA	138.42aA	144.78aA	110.34aA	128.98aA	140.32aA
中耐盐组	615.94bB	722.79bB	836.29bB	112.44bB	121.54bB	136.76bB	106.19bB	119.86bB	128.27bB
感盐组	457.82cC	584.15cC	700.20 cC	103.6 cC	112.67cC	123.74cC	103.05cB	110.41cC	119.93cC

表 3.8　不同浓度 NaCl 胁迫下亲本及各组间 SOD 活性和 POD 活性相对值（%）的差异显著性

无性系	SOD 活性			POD 活性		
	10 mmol/L	20 mmol/L	30 mmol/L	10 mmol/L	20 mmol/L	30 mmol/L
母本（耐盐）	134.93aA	149.15aA	187.57aA	114.77aA	125.38aA	142.84aA
父本（感盐）	115.97bB	129.19bB	150.08bB	104.34bB	116.98bA	125.26bB
耐盐组	136.15aA	156.58aA	179.55aA	114.62aA	132.09aA	146.04aA
中耐盐组	124.20bB	139.31bB	156.02bB	107.55bB	120.98bB	136.56bB
感盐组	111.99cC	128.18cC	145.64cC	103.48cC	113.55cC	122.90cC

3.10　各生理性状在不同浓度 NaCl 胁迫下的表现

如图 3.1 所示,脯氨酸对盐胁迫最敏感,10 mmol/L NaCl 胁迫时,相对值已经达到 603.75,其次是丙二醛和 SOD,两者的相对值均大于 115,然后是可溶性糖含量相对值为 113.4,而叶绿素、相对含水量、可溶性蛋白和 POD 活性相对值和对照(0 mmol/L)的差异均小于 10。20 mmol/L NaCl 胁迫时,叶绿素和相对含水量相对值与对照的差异小于 10,其他 6 个生理性状的相对值与对照的差异均大于 18。30 mmol/L NaCl 胁迫时,叶绿素和相对含水量相对值与对照的差异小于 15,而其他 6 个生理性状的相对值与对照的差异均大于 30。可见,各生理性状对盐胁迫的敏感度不同,脯氨酸、丙二醛、SOD、可溶性糖较灵敏,可以作为评价二倍体马铃薯耐盐性优选生理性状。而 30 mmol/L NaCl 胁迫时,各生理性状与对照差异较明显,是评价二倍体马铃薯耐盐性比较适合的浓度。

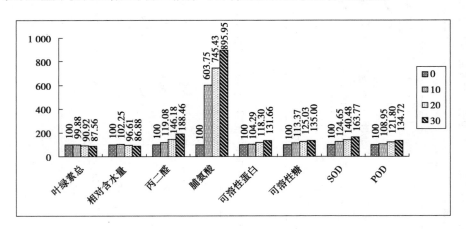

图 3.1　各生理性状在不同浓度 NaCl 胁迫下的变化趋势

3.11　利用生理生化指标评价二倍体马铃薯的耐盐性小结

　　用单个的形态或生理生化指标评价相对耐盐性简单易行,但是对于耐盐这个复杂问题来说,这种方法过于简单化。而多个形态和生理生化指标同时评价耐盐性是一种更有意义的方法,目前,这种方法应用较多,也是相对比较科学的方法。多种选择标准已经被应用在筛选耐盐的谷类和瓜果作物中。

　　本试验在对各无性系进行耐盐性形态评价的基础上,进一步对盐敏感度不同(形态评价得出)的无性系进行耐盐性的生理生化评价。将 166 个二倍体马铃薯无性系按综合评价 D 值由大到小排序后,选择 5 个 D 值高于耐盐亲本 472-1 的耐盐无性系 A108、A002、A024、A038、A152 构成耐盐组,选择 5 个 D 值低于感盐亲本 270-2 的无性系 A094、A080、A032、A115、A262 构成感盐组,随机选 5 个 D 值处于顺序中间位置的无性系 A205、A079、A249、A121、A174 构成中度耐盐组,这 15 个无性系和它们的亲本进行进一步的耐盐性生理鉴定及耐碱(NaHCO$_3$)性研究。

3.11.1　利用叶绿素含量的变化评价二倍体马铃薯的耐盐性

　　植物的叶绿素是重要的光合作用物质,叶绿素代谢是一个动态平衡过程,盐胁迫会打破这种平衡,使得叶绿素含量发生变化。付艳等研究表明,盐敏感系和耐盐系的叶绿素含量均随 NaCl 浓度的增加而逐渐降低,耐盐系的叶绿素含量明显高于盐敏感系,下降幅度也小于盐敏感系。商学芳研究表明,长期 NaCl 胁迫使玉米叶片叶绿素 a、叶绿素 b 和类胡萝卜素的含量明显降低,并随着 NaCl 浓度的升高而迅速降低,且耐盐品种的下降幅度小于感盐品种,两品种之间差异显著。孙璐等研究表明,高粱耐盐品种和盐敏感品种的叶绿素含量对盐胁迫的响应表现出相似的趋势;在 50 mmol/L NaCl 处理下,两个品种的叶绿素含量均有所增加,且耐盐品种的升高幅度大于盐敏感品种;随着 NaCl 浓度的增加,叶绿素含量呈逐渐下降趋势,在 200 mmol/L 浓度时含量降到最低;盐敏感品种的下降幅度明显大于耐盐品种,且两品种间的差异达显著水平。杨淑萍等采用 0 mmol/L、50 mmol/L、100 mmol/L、150 mmol/L、200 mmol/L、250 mmol/L NaCl 胁迫处理盐敏感型和耐盐型海岛棉的研究表明,低浓度盐分(≤ 50 mmol/L)可促进耐盐型海岛棉的生长,提高叶绿素总量、叶绿素 a 和叶绿素 b 的含量。吴晓东等研究表明,盐胁迫影响了叶绿素的合成,耐盐性好的品系叶绿素相对值降低幅度较小。

本试验的结果与以上研究结果比较相似。在 10 mmol/L NaCl 胁迫下,耐盐亲本、耐盐组和中耐盐组的叶绿素 a 含量相对值、耐盐亲本和耐盐组的叶绿素 b 含量、叶绿素总含量和类胡萝卜素含量相对值均大于 100;感盐亲本和感盐组的叶绿素 a 含量,感盐亲本、中耐盐组和感盐组的叶绿素 b 含量、叶绿素总含量和类胡萝卜素含量相对值均小于 100,说明此浓度 NaCl 提高了耐盐马铃薯无性系的叶绿素含量,降低了感盐无性系的叶绿素含量,这也间接表明,10 mmol/L NaCl 促进了耐盐马铃薯无性系的生长,抑制了感盐无性系的生长。随着盐浓度的升高,在 20 mmol/L 和 30 mmol/L NaCl 胁迫下,亲本和 3 个组的叶绿素 a 含量、叶绿素 b 含量、叶绿素总含量和类胡萝卜素含量相对值下降,且均小于 100,这说明高于 20 mmol/L NaCl 胁迫就能够抑制不同盐敏感度的马铃薯无性系的生长。在 3 个浓度 NaCl 胁迫下,耐盐亲本的叶绿素 a 含量、叶绿素 b 含量、叶绿素总含量和类胡萝卜素含量相对值均极显著高于感盐亲本,且 3 组间的该 4 个指标的相对值均差异极显著,由高到低的顺序均为耐盐组>中耐盐组>感盐组,这说明两个亲本和 15 个后代无性系在叶绿素含量上所表现的对盐的敏感度与形态指标筛选的结果一致。

3.11.2　利用相对含水量的变化评价二倍体马铃薯的耐盐性

在已公开发表的文献中,相对含水量(Relative water content,RWC)的计算公式有两种。有的文献中,RWC=[(初始鲜重-干重)/初始鲜重]×100%,在另一些文献中,RWC=[(初始鲜重-干重)/(饱和鲜重-干重)]×100%,本试验根据第二个公式进行相对含水量的测定。

盐分胁迫与水分胁迫密切相关,两者均使植物吸水困难,严重时引起植物体内水分外渗,这就是渗透胁迫。盐分过多时,高浓度的盐离子对细胞的毒害和使环境水势降低,形成对细胞的渗透胁迫。RWC 较高的植物有较高的渗透调节功能,能较好地反映细胞的水分生理状态。在缺水条件下,细胞内水分减少,RWC 下降。RWC 反映植物体内生理生化代谢的活跃程度,RWC 高的植物生理功能旺盛,对渗透胁迫的适应能力强。许东河等研究表明,在不同盐分浓度下,随盐分浓度的增加,叶片 RWC 呈逐渐下降趋势。在低盐分浓度下(<0.4%)两品种(耐盐品种和盐敏感品种)下降幅度基本相同,而当盐分继续增加时,盐敏感型大豆品种下降幅度大大高于耐盐品种。秦景等研究表明随着盐浓度的增加,沙棘相对含水量(RWC)逐渐下降。

本试验中,10 mmol/L NaCl 胁迫下,耐盐亲本、耐盐组和中耐盐组的相对含水量相对值均大于100,感盐亲本和感盐组的相对含水量相对值小于100,这说明 10 mmol/L NaCl 胁迫处理提高了耐盐亲本、耐盐组和中耐盐组的渗透调节能力,降低了感盐亲本和感盐组的渗透调节能力;随着盐浓度的升高,在 20 mmol/L和 30 mmol/L NaCl 胁迫下,亲本和 3 个组的相对含水量相对值下降,且均小于100,这说明高于 20 mmol/L NaCl 胁迫就能够抑制二倍体马铃薯的渗透调节能力。在不同浓度 NaCl 胁迫下,耐盐亲本的相对含水量相对值均极显著高于感盐亲本,且 3 组间的相对含水量相对值均差异极显著,由高到低的顺序均为耐盐组>中耐盐组>感盐组,这说明两个亲本和 15 个后代无性系在相对含水量上所表现的对盐的敏感度与形态指标筛选的结果一致。

3.11.3　利用丙二醛含量的变化评价二倍体马铃薯的耐盐性

丙二醛是膜脂过氧化最终分解产物,其含量可以反映植物遭受盐胁迫伤害的程度,是膜系统受伤害的重要标志之一,丙二醛积累越多表明组织的保护能力越弱。盐胁迫后的 MDA 增量与抗盐性呈显著的负相关。王宁等以 0 mmol/L、40 mmol/L、80 mmol/L 和 120 mmol/L 4 个浓度 NaCl 胁迫处理耐盐和盐敏感玉米品种,结果表明,两个品种丙二醛含量均随 NaCl 浓度升高而升高,盐敏感品种较耐盐品种丙二醛含量增加的幅度大。孙方行等研究表明,随着盐分处理浓度的增大,紫荆幼苗叶片中 MDA 的含量明显上升($P < 0.05$)两者呈正相关。许东河等研究表明,随盐浓度的增大,供试大豆品种丙二醛含量呈递增趋势,但在低盐浓度下(<0.4%)变化较平稳,而在高盐浓度下(>0.4%)叶片丙二醛含量则迅速增加,盐敏感型品种的增长幅度较大,含量较高,说明在同等盐胁迫条件下,其脂质过氧化水平明显高于耐盐型品种。李会珍等研究表明,供试两个马铃薯品种(紫花白和静石 2 号)的丙二醛含量随盐浓度的增加而增加。商学芳的研究表明,在各个生育期,盐敏感品种和耐盐品种的 MDA 含量均随着盐分含量的增加而增加,盐敏感品种在盐胁迫下 MDA 含量均高于耐盐品种。

本试验中,在不同浓度 NaCl 胁迫下,亲本和 3 个组的丙二醛含量相对值均大于 100,随着盐浓度的升高,亲本和 3 个组的丙二醛含量相对值也升高,感盐亲本的丙二醛含量相对值均极显著高于耐盐亲本,且 3 组间的丙二醛含量相对值差异极显著,由高到低的顺序均为感盐组>中耐盐组>耐盐组,这与前人的研究结果一致,说明两个亲本和 15 个后代无性系在丙二醛含量上所表现的对盐的敏感度与形态指标筛选的结果一致。

3.11.4　利用脯氨酸含量的变化评价二倍体马铃薯的耐盐性

在盐胁迫等逆境条件下,植物积累脯氨酸是一种普遍现象,目前,把脯氨酸积累的作用大致归结为以下 4 个方面：一是作为细胞的有效渗透调节物质；二是保护酶和膜的结构；三是可直接利用的无毒形式的氮源，作为能源和呼吸底物，参与叶绿素的合成等；四是从积累的途径来看，它既可能有适应性的意义，又可能是细胞结构和功能受损伤的表现，是一种伤害反应。盐胁迫下，脯氨酸积累的原因及生理意义至今仍存在分歧，但脯氨酸作为一种渗透调节物质在植物遭受盐害时所起到的积极作用已被大多数人接受。杜锦等研究表明，在不同浓度 NaCl 胁迫下，两个玉米品种的脯氨酸含量均高于对照(0)，耐盐品种的脯氨酸含量极显著高于盐敏感品种。费伟等研究结果表明，盐胁迫下，番茄幼苗中脯氨酸含量明显增加，抗盐品种的脯氨酸含量明显高于感盐品种。张瑞玖研究表明，随 NaCl 胁迫浓度的增加，马铃薯 3 个品种脯氨酸含量均呈现上升的趋势，但是，3 个品种上升的幅度不同，克新 12 号上升的幅度较大，说明克新 12 的耐盐性较强。

　　本试验中，在不同浓度 NaCl 胁迫下，亲本和 3 个组的脯氨酸含量相对值均大于 100，随着盐浓度的升高，亲本和 3 个组的脯氨酸含量相对值明显升高；耐盐亲本的脯氨酸含量相对值均极显著高于感盐亲本，且 3 组间的脯氨酸含量相对值差异极显著，由高到低的顺序均为耐盐组＞中耐盐组＞感盐组，这与前人的研究结果一致，说明两个亲本和 15 个后代无性系在脯氨酸含量上所表现的对盐的敏感度与形态指标筛选的结果一致。

3.11.5　利用可溶性糖含量的变化评价二倍体马铃薯的耐盐性

　　在盐胁迫下，可溶性糖既是渗透调节剂，也是合成其他有机溶质的碳架和能量的来源，还可在细胞内无机离子浓度高时起保护酶类的作用。由于可溶性糖在细胞中的溶解度较大，因此，盐渍条件下其含量的增加对增加细胞质浓度、降低细胞水势、提高植物的吸水能力十分有利。肖强等研究表明，互花米草的可溶性糖含量随盐度增加总体上呈上升趋势。王宁等研究结果表明，玉米耐盐品种与盐敏感品种的可溶性糖含量均随 NaCl 胁迫浓度增加而增加；盐敏感品种的增加幅度不如耐盐品种增加的幅度大,盐敏感品种在 NaCl 胁迫下的渗透调节能力小于耐盐品种。李莉等研究表明,随着盐浓度的增大,烟草叶片可溶性糖含量增加。商学芳的研究结果表明,NaCl 胁迫使玉米地上部分可溶性糖含量增加,随 NaCl 浓度的增加,其含量逐渐升高;就不同基因型来说,耐盐品种的升高比率和含量绝对值都高于盐敏感品种。

本试验的结果和前人研究的结果一致。在不同浓度 NaCl 胁迫下,亲本和 3 个组的可溶性糖含量相对值均大于100,且随着盐浓度的升高,亲本和 3 个组的可溶性糖含量相对值也升高;耐盐亲本的可溶性糖含量相对值均极显著高于感盐亲本,3 组间的可溶性糖含量相对值均差异极显著,由高到低的顺序均为耐盐组>中耐盐组>感盐组,这说明两个亲本和 15 个后代无性系在可溶性糖含量上所表现的对盐的敏感度与形态指标筛选的结果一致。

3.11.6 利用可溶性蛋白含量的变化评价二倍体马铃薯的耐盐性

与脯氨酸和可溶性糖一样,可溶性蛋白也是一种重要的渗透调节物质,与调节植物细胞的渗透势有关,高含量的可溶性蛋白可帮助维持植物细胞较低的渗透势,抵抗逆境带来的胁迫。王宁等的研究结果表明,随盐胁迫浓度增加,两个玉米品种(耐盐品种和盐敏感品种)可溶性蛋白含量的增加幅度也加大,说明胁迫程度越重,通过增加可溶性蛋白含量调节的能力越强。盐敏感品种的增加幅度小于耐盐品种的增加幅度,说明盐敏感品种在逆境条件下通过可溶性蛋白调节的能力小于耐盐品种。杨颖丽等研究表明,盐胁迫诱导两种小麦可溶性蛋白的积累,这有助于增强植物的耐盐性。

本试验中,在不同浓度 NaCl 胁迫下,亲本和 3 个组的可溶性蛋白含量相对值均大于100,且随着盐浓度的升高,亲本和 3 个组的可溶性蛋白含量相对值也升高;耐盐亲本的可溶性蛋白含量相对值均极显著高于感盐亲本,且 3 组间的可溶性蛋白含量相对值均差异极显著,由高到低的顺序均为耐盐组>中耐盐组>感盐组。这说明,盐胁迫下,二倍体马铃薯通过提高可溶性蛋白含量来增强自身的渗透调节能力,可溶性蛋白含量高的无性系,渗透调节能力也强,说明两个亲本和 15 个后代无性系在可溶性蛋白含量上所表现的对盐的敏感度与形态指标筛选的结果一致。

3.11.7　利用 SOD 活性和 POD 活性的变化评价二倍体马铃薯的耐盐性

SOD 和 POD 作为植物内源的活性氧清除剂,属保护酶系统,逆境中维持较高的酶活性,才能有效地清除活性氧使之保持较低水平,从而减少其对膜结构和功能的破坏。很多研究结果表明,盐胁迫下植物抗氧化酶 SOD 和 POD 活性变化与植物的耐盐性有关,酶活性越高,植物的抗逆性越强。但是,植物细胞在盐胁迫下所能忍受的活性氧水平存在一个阈值。在此阈值内,植株通过提高抗氧化酶的活性,有效消除活性氧自由基所带来的伤害;当超过这个阈值时,抗氧化酶活性就会下降,活性氧的积累量将超过其被清除的量,植株受到损害。一定浓度、一定时间内的 NaCl 胁迫提高了植株 SOD 和 POD 的活性,当超过这个浓度以后,抗氧化酶的活性就会下降。崔兴国等研究表明,盐胁迫下,供试夏谷品种的抗氧化酶 SOD 和 POD 活性升高,其中,供试品种 206058、济 0515、06766-7 和冀谷 19 表现出较强的抗氧化能力,属于耐盐能力较强的品种。付艳等及王玉凤的研究均表明,较低浓度 NaCl 处理条件下,玉米的 SOD、POD 活性均逐渐增大,当 NaCl 溶液浓度增大到一定程度时,SOD、POD 活性开始下降。孙方行等的研究也表明,随着 NaCl 处理浓度的升高,紫荆幼苗的 SOD 和 POD 活性先上升后下降。

本试验中,在不同浓度 NaCl 胁迫下,亲本和 3 个组的 SOD 和 POD 活性相对值均大于 100,且随着盐浓度的升高,亲本和 3 个组的 SOD 和 POD 活性相对值也升高,这和前人的研究结果略有不同,即 SOD 和 POD 活性不是呈先上升后下降的趋势,这可能是因为本试验设定的 NaCl 处理浓度最大为 30 mmol/L,此浓度值是二倍体马铃薯可以忍受的。另外,耐盐亲本的 SOD 和 POD 活性相对值均极显著高于感盐亲本,且 3 组间的 SOD 和 POD 活性相对值均差异极显著,由高到低的顺序均为耐盐组>中耐盐组>感盐组,如前所述,酶活性越高,植物的抗逆性越强,说明两个亲本和 15 个后代无性系在 SOD 和 POD 活性上所表现的对盐的敏感度与形态指标筛选的结果一致。

综上可知:

①10 mmol/L NaCl 胁迫使耐盐无性系的叶绿素含量和相对含水量升高,使感盐无性系的叶绿素含量和相对含水量下降;浓度大于 20 mmol/L NaCl 胁迫时,不同盐敏感度的二倍体马铃薯的这两个性状值均下降。

②NaCl 胁迫使不同盐敏感无性系的丙二醛含量、脯氨酸含量、可溶性糖含量、可溶性蛋白含量、SOD 活性和 POD 活性均升高,且浓度越大,这 6 个生理性状值越大。

③NaCl 胁迫下,不同盐敏感无性系的叶绿素含量、相对含水量、脯氨酸含量、可溶性糖含量、可溶性蛋白含量、SOD 活性和 POD 活性相对值表现为耐盐无性系>中耐盐无性系>感盐无性系,丙二醛含量相对值表现为感盐无性系>中耐盐无性系>耐盐无性系,说明两个亲本和 15 个后代无性系在生理性状上所表现的对盐的敏感度与形态指标筛选的结果一致。

④所测生理性状对盐胁迫的敏感度不同,脯氨酸、丙二醛、SOD、可溶性糖较灵敏,可以作为评价二倍体马铃薯耐盐性优选生理性状;而 30 mmol/L NaCl 胁迫时,各生理性状与对照差异较明显,是评价二倍体马铃薯耐盐性比较适合的浓度。

第4章　二倍体马铃薯耐盐性评价指标筛选

4.1　二倍体马铃薯耐盐性评价指标筛选的材料与方法

4.1.1　试验材料

试验材料为 A002、472-1、A024、A152、A079、A121、A174、A205、A108、A038、A249、A032、270-2、A115、A080、A094 和 A262 共 17 个二倍体马铃薯无性系试管苗,是经 12 次轮回选择适应长日照的原始二倍体栽培种富利亚(*Solanum phureja*,PHU)与窄刀薯(*S. stenotomum*,STN)杂种(PHU-STN)无性系。

4.1.2　试验方法

本试验在 80 mmol/L 和 30 mmol/L NaCl 胁迫下,分别测定形态指标和生理指标。80 mmol/L NaCl 胁迫能较好地区分无性系间的耐盐性形态差异,且不会使大部分盐敏感无性系因胁迫死亡;如果在该浓度胁迫后测定生理指标,有些盐敏感无性系虽没有被胁迫致死,但芽长几乎为零,能提供的生物量无法满足生理指标测定的需求。而 30 mmol/L NaCl 胁迫已严重抑制盐敏感无性系的生长,但不会造成死亡,且胁迫 3 周后的生物量可以满足生理指标测试的需求。

4.1.3 形态指标的测定

芽长、芽鲜重、芽干重、根长、根鲜重和根干重,测定方法同 2.2.2。

4.1.4 生理指标的测定

相对含水量、叶绿素含量、丙二醛含量、脯氨酸含量、SOD 活性、POD 活性、可溶性糖含量、可溶性蛋白含量,测定方法同 3.1.3。

4.1.5 数据分析

使用 Microsoft Excel(2010)和统计软件 DPS7.05 进行数据处理和统计分析。统计分析时均使用处理(30 mmol/L、80 mmol/L)和对照(0 mmol/L)的相对值(以下简称"相对值")。

$$相对值 = \frac{处理性状每次重复值}{对照性状 3 次重复的平均值} \times 100 \qquad (4.1)$$

(1)隶属函数值计算

$$u(X_j) = \frac{X_j - X_{j\min}}{X_{j\max} - X_{j\min}} \qquad (4.2)$$

式中,$u(X_j)$ 为各无性系第 j 综合指标的隶属值;X_j 为各无性系第 j 个综合指标值;$X_{j\max}$、$X_{j\min}$ 分别为第 j 个综合指标的最大值和最小值。

(2)各综合指标的权重系数计算

$$W_j = \frac{p_j}{\sum\limits_{1}^{j} p_j} \qquad (4.3)$$

式中,W_j 为第 j 个综合指标在所有综合指标中的重要程度即权重;p_j 代表经主成分分析所得各马铃薯无性系的第 j 个综合指标的贡献率。

（3）耐盐综合评价 D 值计算

$$D = \sum_{1}^{j} \left[u(X_j) \times W_j \right] \tag{4.4}$$

（4）聚类分析方法

利用形态指标 D 值和生理指标 D 值分别对 17 个无性系进行聚类分析，聚类距离为欧氏距离，聚类分析方法为最大距离法。

4.2　盐胁迫下各指标相对值的变化

由表 4.1 和表 4.2 可知，盐胁迫下，各无性系的芽长、芽鲜重、芽干重、根鲜重和根干重的相对值均小于 100，不同无性系各单项形态指标的差异较大，且无性系间有显著差异或极显著差异。不同无性系的相对含水量、可溶性糖含量、可溶性蛋白含量、MDA 含量、POD 活性的差异较大，但一些无性系的这几个生理生化指标相对值大于 100，而另一些无性系的相对值则小于 100，且无性系间有显著差异或极显著差异。各无性系的脯氨酸含量和叶绿素含量，相对值均大于 100，且无性系间有显著差异或极显著差异。除了无性系 A174 和 472-1 的 SOD 活性小于 100，其余各无性系的 SOD 活性均大于 100。

表 4.1　盐胁迫下各无性系的单项形态指标的 F 值、无性系间的多重比较及综合评价 D 值

无性系	芽长	芽鲜重	芽干重	根鲜重	根干重	D 值
A108	60.37a	84.00a	82.83b	60.77a	48.03abc	1
A038	53.53ab	83.23a	99.40a	35.23bc	58.57ab	0.950 4
A024	58.20ab	68.90ab	76.67b	42.87ab	53.67ab	0.887 4
A002	46.93b	74.47ab	69.47b	44.47ab	63.33a	0.880 6
A152	55.60ab	65.00ab	70.30b	30.07bc	62.37a	0.830 8
472-1	33.80c	42.80c	35.30cd	23.27bcd	42.60bcd	0.520 9

续表

无性系	芽长	芽鲜重	芽干重	根鲜重	根干重	D 值
A249	15.27efg	34.80cd	45.43c	5.30d	28.77de	0.347 1
A205	21.47de	27.87cd	33.60cde	14.27cd	16.23efg	0.316 3
A121	28.50cd	24.10de	21.93defg	5.53d	23.27ef	0.291 5
A079	16.40ef	18.07def	23.33defg	19.37cd	18.50efg	0.274 5
A174	13.43efgh	17.63def	30.07cdef	4.33d	33.33cde	0.268 9
270-2	7.80fgh	8.73ef	15.40fgh	1.13d	4.93g	0.087 5
A080	4.80fgh	6.00ef	18.10efgh	2.20d	3.30g	0.075 4
A032	5.10fgh	5.73ef	11.00gh	1.30d	5.97fg	0.063 1
A094	6.90fgh	6.27ef	6.93gh	0.47d	0.00g	0.038 7
A115	3.67gh	3.40f	6.67gh	0.73d	3.87g	0.032 4
A262	2.23h	2.17f	3.04h	0.00d	0.00g	0
F 值	35.10**	26.42**	33.28**	7.76**	16.65**	

注: * 和 ** 分别表示在 5% 和 1% 水平上显著和极显著。多重比较为 LSD 法。下同。

表 4.2　盐胁迫下各无性系的单项生理生化指标的 F 值、无性系间的多重比较及综合评价 D 值

无性系	相对含水量	可溶性蛋白含量	可溶性糖含量	叶绿素含量	丙二醛含量	脯氨酸含量	超氧化物歧化酶	过氧化物酶	D 值
270-2	78.96h	214.66a	198.51b	142.95cd	232.06a	816.99d	250.42cd	400.21a	0.672 7
A249	97.38de	200.07b	124.20e	130.92e	96.39de	713.91e	200.42de	394.66a	0.663 6
A079	102.44c	161.85c	308.10a	171.39a	58.74gh	172.14k	138.52de	194.88bc	0.515 9
A262	95.02e	144.26d	66.18i	109.98g	79.79ef	532.65f	176.20de	226.61b	0.468 7
A024	108.44b	112.84e	74.18h	91.37i	44.27h	395.18h	321.33c	222.73b	0.443 9
A002	102.79c	66.01h	136.99d	150.96b	65.09fg	1 330.03a	763.80a	57.69cd	0.432 2
A038	110.16b	90.30g	100.31f	89.98i	65.26fg	882.03c	458.23b	194.82bc	0.428 7
A108	94.12e	96.61fg	124.25e	126.45e	66.63fg	995.28b	206.85de	76.18cd	0.373 5
A032	95.57de	103.63ef	76.38h	140.21d	70.14fg	555.44f	332.18c	102.09bcd	0.349 8
A121	98.53d	96.72fg	94.18g	111.86g	102.85	563.02f	151.26de	104.68bcd	0.343 8
A205	87.94fg	91.92fg	50.24k	145.49c	154.78bc	474.84g	105.80e	91.00bcd	0.337 6
A115	104.92c	48.52ijk	72.13hi	139.94d	54.27ghi	709.43e	202.85de	28.09d	0.310 5
A152	131.23a	60.75hij	55.19j	128.62e	45.24hi	190.17k	130.89de	65.10cd	0.301 1
A080	98.52d	86.39g	169.65c	119.78f	141.43c	284.74ij	139.61de	78.07cd	0.301 1
472-1	85.80g	60.80hi	77.87h	146.43bc	39.56i	167.72k	90.91e	106.18bcd	0.287 3
A094	97.10de	76.97h	121.00e	94.64i	104.93d	318.72i	141.71de	63.60cd	0.251 2
A174	89.08f	55.85hijk	307.09a	104.75h	160.26b	257.55j	94.10e	60.010cd	0.227 2
F 值	127.59**	150.36**	1 366.41**	210.41**	76.03**	650.48**	21.21**	7.50**	

4.3 盐胁迫下各指标间的相关性分析

由表4.3可知,芽长与芽鲜重、芽干重、根鲜重及根干重均呈极显著正相关,相关系数均大于0.92。芽鲜重与芽干重、根鲜重、根干重均呈极显著正相关,相关系数均大于0.93。芽干重与根鲜重及根干重均呈极显著正相关,相关系数均大于0.88。根鲜重与根干重呈极显著正相关,相关系数为0.84。由表4.4可知,相对含水量与MDA含量呈极显著负相关,可溶性蛋白与POD活性呈极显著正相关,脯氨酸含量与SOD活性呈极显著正相关。相关分析结果和不同无性系各单项指标变化情况(表4.1和表4.2)表明,直接利用某个单项指标无法准确评价马铃薯耐盐性,需利用多个指标,通过多元统计方法进行综合评价。

表4.3 盐胁迫下各无性系的单项形态指标及 D 值的相关系数矩阵

性状	芽长	芽鲜重	芽干重	根鲜重	根干重
芽长					
芽鲜重	0.97**				
芽干重	0.93**	0.98**			
根鲜重	0.93**	0.94**	0.88**		
根干重	0.93**	0.94**	0.92**	0.84**	
D 值	0.98**	0.99**	0.97**	0.95**	0.95**

表4.4 盐胁迫下各无性系的单项生理指标及 D 值的相关系数矩阵

	相对含水量	可溶性糖含量	可溶性蛋白含量	脯氨酸含量	丙二醛含量	叶绿素含量	超氧化物歧化酶	过氧化物酶
相对含水量								
可溶性糖含量	−0.27							
可溶性蛋白含量	−0.32	0.26						

续表

	相对含水量	可溶性糖含量	可溶性蛋白含量	脯氨酸含量	丙二醛含量	叶绿素含量	超氧化物歧化酶	过氧化物酶
脯氨酸含量	-0.08	-0.16	0.16					
丙二醛含量	-0.62**	0.39	0.40	0.03				
叶绿素含量	-0.13	0.26	0.25	0.05	0.02			
超氧化物歧化酶	0.20	-0.11	-0.03	0.78**	-0.22	0.03		
过氧化物酶	-0.25	0.14	0.92**	0.14	0.32	0.09	0.03	
D 值	-0.17	0.15	0.92**	0.40	0.22	0.31	0.26	0.92**

4.4　各指标相对值的主成分分析

根据特征值大于 1 标准和主成分载荷矩阵,主成分分析将原有 5 个形态指标简化为贡献率为 94.06% 的 1 个综合指标,特征值为 4.702 8,各形态指标的载荷均较大,且特征向量值非常接近,其中芽鲜重(0.458 6)载荷最大,芽长(0.452 4)、芽干重(0.448 4)、根鲜重(0.436 3)和根干重(0.439 9)载荷次之。

原有 8 个生理生化指标简化为累计贡献率为 84.22% 的 4 个相互独立的综合指标,特征值分别为 2.690 8、1.887 8、1.105 9 和 1.052 9,贡献率分别为 33.63%、23.60%、13.82% 和 13.16%(表 4.4)。根据主成分载荷及其绝对值的大小分析,在第一个主成分 CI_1 中,可溶性蛋白载荷最大,相对含水量、可溶性糖含量、MDA 含量、POD 活性次之。在第二个主成分 CI_2 中,脯氨酸含量和 SOD 活性载荷均较大。在第三个主成分 CI_3 中,POD 活性载荷最大,相对含水量、可溶性糖含量、可溶性蛋白含量、叶绿素含量载荷次之。在第四个主成分 CI_4 中,叶绿素含量载荷最大,MDA 含量和相对含水量载荷次之。由此可知,这 4 个新的相互独立的综合指标基本代表了 8 个原始指标携带的信息。

4.5　形态指标和生理指标的隶属函数分析

根据公式(4.2)获得各无性系形态指标的隶属函数值(表4.5),然后根据公式(4.3)和(4.4)计算得表4.1中形态指标的综合评价 D 值。根据形态指标 D 值对各无性系的耐盐能力进行强弱排序,其中 A262 的 D 值最小,表明其耐盐性最差;A108 的 D 值最大,表明其耐盐能力最强。耐盐性排序为 A108>A038>A024>A002>A152>472-1>A249>A205>A121>A079>A174>270-2>A080>A032>A094>A115>A262。虽然各无性系形态指标的单项排序与 D 值排序序列不同,但表现为序列接近。

根据公式(4.2)获得各无性系生理生化指标的隶属函数值,然后根据公式(4.3)和(4.4)计算得表4.2中生理生化指标的综合评价 D 值。根据生理生化指标 D 值对各无性系的耐盐能力进行强弱排序,其中 A174 的 D 值最小,270-2 的 D 值最大。耐盐性排序为 270-2>A249>A079>A262>A024>A002>A038>A108>A032>A121>A205>A115>A152>A080>472-1>A094>A174。各无性系生理生化指标的单项排序与 D 值排序序列完全不同,无一定规律可循,且生理生化指标 D 值排序与形态指标 D 值排序也完全不同。

表4.5　根据生理生化指标主成分分析获得综合指标的特征值、贡献率和特征向量

项目		CI_1	CI_2	CI_3	CI_4
特征值		2.69	1.89	1.11	1.05
贡献率		33.63	23.60	13.82	13.16
累计贡献率		33.63	57.23	71.06	84.22
特征向量	相对含水量	−0.41	0.09	0.33	0.38
	可溶性蛋白含量	0.51	0.19	0.38	0.17
	可溶性糖含量	0.32	−0.19	−0.42	0.24
	脯氨酸含量	0.04	0.66	−0.26	−0.15

续表

项目		CI$_1$	CI$_2$	CI$_3$	CI$_4$
	丙二醛含量	−0.45	0.12	0.23	0.42
	叶绿素含量	0.18	0.01	−0.38	0.75
	超氧化物歧化酶活性	−0.11	0.65	−0.22	−0.01
	过氧化物酶活性	0.46	0.22		

4.6　形态指标和生理指标的聚类分析

聚类分析能直观地分析不同种质间的类群关系。

采用最大距离法对形态指标的综合评价 D 值进行聚类分析（图 4.1），可将 17 个无性系划分为 3 类：A108、A038、A024、A002、A152 共 5 个无性系为第 1 类，属于耐盐类型；472-1、A249、A205、A121、A079、A174 共 6 个无性系为第 2 类，属于中度耐盐类型；270-2、A080、A032、A094、A115、A262 共 6 个无性系属于盐敏感类型。由表 4.1 可知，耐盐类型包括的 5 个无性系在 5 个形态指标单独排序及综合评价 D 值排序中，均排在前 5 位，同时盐敏感类型包括的 6 个无性系在 5 个形态指标单独排序及综合评价 D 值排序中，均排在后 6 位。

采用最大距离法对生理生化指标综合评价 D 值进行聚类分析（图 4.1），可将 17 个无性系划分为 3 类：270-2、A249、A079、A262、A024、A002、A038 共 7 个无性系为第 1 类，属于耐盐类型；A108、A032、A121、A205 共 4 个无性系为第 2 类，属于中度耐盐类型；A115、A152、A080、472-1、A094、A174 共 6 个无性系属于盐敏感类型。每个类型包括的无性系与用形态指标的综合评价 D 值聚类分析后的同一类型包括的无性系有所不同。但是用两种指标聚类分析后的耐盐类型中均包括 A038、A024、A002，中度耐盐类型中均包括 A205、A121，盐敏感类型中均包括 A080、A094。耐盐无性系 A038、A002、A024，以及盐敏感无性系

A080、A094，可以作为马铃薯耐盐种质资源，拓宽马铃薯耐盐种质基因库。

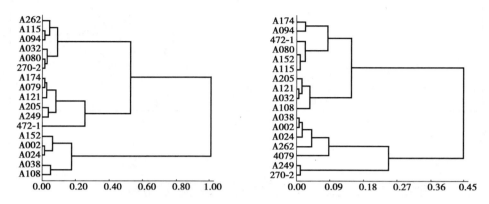

图 4.1　17 个二倍体马铃薯无性系的形态指标综合评价 D 值（左图）和生理生化指标综合评价 D 值（右图）的聚类树状图

另外，个别无性系的耐盐性在用两种指标聚类分析后发生戏剧性反转，在形态指标聚类分析中，A152 在形态指标的 D 值聚类分析中被分在耐盐类型，而在生理生化指标的 D 值聚类分析中却被分在了盐敏感类型。同时，270-2 和 A262 在形态指标 D 值聚类分析中被分在了盐敏感类型，而在生理生化指标的 D 值聚类分析中却被分在了耐盐类型。

4.7　回归方程的建立

为了分析形态指标和生理生化指标与马铃薯无性系耐盐性间的关系，建立可用于离体条件下马铃薯耐盐性评价的数学模型，本试验进行了逐步回归分析。

回归分析应该建立在相关分析的基础上，只有确定了变量之间存在一定的相关关系，建立的回归方程才有意义。只有当相关系数 r 较大，而且是因果相关时，才能运用回归分析研究变量间的数量依存关系；否则，在相关程度很低的情况下，回归函数的表达式代表性会很差。

本试验中,生理指标之间及生理指标与 D 值之间,相关程度较差,只有相对含水量与 MDA 含量呈极显著负相关,可溶性蛋白与 POD 活性呈极显著正相关,脯氨酸含量与 SOD 活性呈极显著正相关,可溶性蛋白与 D 值呈极显著正相关,POD 活性与 D 值之间呈极显著正相关,变量之间没有两两之间呈显著相关。但是形态指标之间相关性较好,变量之间均呈极显著正相关,且相关系数均较高(表 4.3)。把形态指标的 D 值作因变量,各形态指标的相对值作自变量,进行逐步回归分析,得到形态指标的回归方程 $D = -0.025\ 9 + 0.004\ 2X1 + 0.003\ 7X3 + 0.004\ 7X4 + 0.003\ 6X5$,其中,$X1$ 为芽长、$X3$ 为芽干重、$X4$ 为根鲜重、$X5$ 为根干重,方程决定系数 $R_2 = 0.999\ 5$,$P = 0.000\ 1$,17 个无性系中,14 个无性系估计精度均在 94% 以上,两个无性系估计精度在 80% 以上,无性系 A262 原始值为 0,无法估计精度,但是与拟合值之差仅为 0.005 3(表 4.6)。本试验逐步回归分析表明,5 个形态指标中,芽长、芽干重、根鲜重、根干重 4 个指标对盐胁迫响应更敏感。可在相同试验条件下,测定上述 4 个形态指标,利用该方程评价其他二倍体马铃薯无性系的耐盐性,使鉴定工作适当简化。

表 4.6　回归方程的精度分析

无性系	原始值	回归值	差值	估计精度
270-2	0.087 5	0.087 4	0.000 1	0.999 0
472-1	0.520 9	0.511 9	0.009 0	0.982 6
A002	0.880 6	0.869 3	0.011 3	0.987 2
A024	0.887 4	0.900 8	−0.013 4	0.985 1
A032	0.063 1	0.064 1	−0.001 0	0.984 5
A038	0.950 4	0.947 0	0.003 4	0.996 4
A079	0.274 5	0.288 4	−0.013 8	0.952 0
A080	0.075 4	0.083 9	−0.008 5	0.899 0
A094	0.038 7	0.031 0	0.007 7	0.800 1
A108	1.000 0	0.997 0	0.003 0	0.997 0
A115	0.032 4	0.031 7	0.000 7	0.996 4

续表

无性系	原始值	回归值	差值	估计精度
A121	0.291 5	0.286 0	0.005 5	0.981 1
A152	0.830 8	0.837 3	−0.006 5	0.992 2
A174	0.268 9	0.283 4	−0.014 6	0.948 5
A205	0.316 3	0.315 3	0.001 1	0.996 7
A249	0.347 1	0.336 3	0.010 8	0.969 0
A262	0.000 0	−0.005 3	0.005 3	—

4.8 二倍体马铃薯耐盐性评价指标筛选小结

作物通过多种代谢途径应答盐胁迫,表现为复杂的耐性机理,正因如此,单一指标不能很好地反映作物的耐盐性,应综合考虑多种指标对耐盐性的作用,即选用多个指标共同评价作物耐盐性,以合理有效地区分不同基因型间的耐盐性。作物受到逆境胁迫时,形态指标变化能直接反映出受胁迫程度,形态指标在农作物的耐盐性鉴定中被广泛使用。李青等在离体条件下通过测量总生物量、株高、芽鲜质量、生根率,对 52 份马铃薯试管苗进行耐盐性鉴定。本试验利用 5 个形态指标进行主成分分析,获得 1 个贡献率为 94.1% 主成分,经隶属函数分析后得到综合评价 D 值,然后利用 D 值排序及聚类分析,结果表明,耐盐类型包括的 5 个无性系在 5 个形态指标单独排序及综合评价 D 值排序中,均排在前 5 位,同时盐敏感类型包括的 6 个无性系在 5 个形态指标单独排序及综合评价 D 值排序中,均排在后 6 位;5 个形态指标与 D 值均呈极显著的正相关,且相关系数均在 0.94 以上;以上结果均表明本试验采用的 5 个形态指标(芽长、芽鲜重、芽干重、根鲜重和根干重)能在离体条件下准确地评价马铃薯耐盐性。

本试验中,8 个生理生化指标的单独排序及其 D 值排序均没有表现出序列一致或接近,且生理生化指标的 D 值排序与形态指标的 D 值排序也没有表现出序列一致或接近。个别无性系的耐盐性在用两种指标聚类分析后发生戏剧性反转,在形态指标聚类分析中,A152 在形态指标的 D 值聚类分析中被分在耐盐类型,而在生理生化指标的 D 值聚类分析中却被分在了盐敏感类型;270-2 和 A262 在形态指标 D 值聚类分析中被分在了盐敏感类型,而在生理生化指标的 D 值聚类分析中却被分在了耐盐类型。这可能是植物在盐胁迫下表现出的生理生化变化是一个综合过程,不同植物种类和品种的生理响应不同,不同生理指标的变化也不同。还可能是测定生理生化指标时,实验操作复杂,鉴定结果波动性大。本试验的结果与张景云的研究结果一致,即在盐胁迫下,同一耐盐类型的马铃薯无性系对盐胁迫的生理反应可能会不一致。

为了筛选出可用于马铃薯耐盐性鉴定的生理生化指标,分别比较各生理生化指标的单独排序与形态指标的 D 值排序。一般来说,相对含水量高的植物生理功能比较旺盛,从而对各种渗透胁迫的适应能力强,按照相对含水量由高到低排序,排在前 5 位的无性系中,有 4 个无性系(A152、A038、A024、A002)属于耐盐类型(根据形态指标 D 值聚类分析,共包括 5 个无性系),可以说在相同浓度盐胁迫下,作物耐盐性与相对含水量呈正相关的关系,即相对含水量值越大,耐盐性越好。按照 MDA 含量由低到高排序,排在前 8 位的无性系中,有 5 个无性系(A152、A038、A024、A002、A108)属于耐盐类型(根据形态指标 D 值聚类分析,共包括 5 个无性系),一般认为盐胁迫下,耐盐品种叶片 MDA 含量低于盐敏感品种,可作为耐盐性强弱的鉴定指标,本试验耐盐类型 MDA 含量低的变化趋势与前人的研究基本一致。按照脯氨酸含量由高到低排序,排在前 3 位的无性系(A038、A002、A108)均属于耐盐类型(根据形态指标 D 值聚类分析,共包括 5 个无性系),脯氨酸的累积与植物耐渗透胁迫之间存在着正相关的观点已得到大量研究证实,本试验的耐盐类型脯氨酸含量高的变化趋势与前人的研究基本一致。按照 SOD 活性由高到低排序,排在前 6 位的无性系中,有 4 个无性系(A038、A024、A002、A108)属于耐盐类型(根据形态指标 D 值聚类分析,共包括

5 个无性系），即耐盐类型的 SOD 活性大多高于感盐类型，这与前人的研究基本一致。本试验不同耐盐类型的无性系在可溶性糖含量、可溶性蛋白含量、叶绿素含量和 POD 活性这 4 个生理生化指标上的变化趋势没有表现出比较明显的规律性，同时相对含水量与丙二醛呈极显著负相关，脯氨酸含量与 SOD 活性呈极显著正相关，可见，能够用于马铃薯耐盐性鉴定的生理生化指标为相对含水量、丙二醛含量、脯氨酸含量和 SOD 活性，但是，SOD 活性测定时步骤烦琐，操作复杂。本试验筛选出相对含水量、丙二醛含量和脯氨酸含量可作为马铃薯耐盐性准确鉴定的生理生化指标。

综上所述，主成分分析将 5 个形态指标简化为 1 个独立的综合指标，将 8 个生理生化指标简化为 4 个独立的综合指标；17 个无性系被聚类分析为 3 种耐盐类型，其中，耐盐无性系包括 A038、A002 和 A024；利用形态指标建立了耐盐性评价的回归方程，$D = -0.025\ 9 + 0.004\ 2X1 + 0.003\ 7X3 + 0.004\ 7X4 + 0.003\ 6X5$；筛选出可用于离体快速鉴定马铃薯耐盐性的指标芽长、芽干重、根鲜重、根干重、相对含水量、MDA 含量和脯氨酸含量。

第 5 章　NaHCO₃ 胁迫对不同盐敏感型二倍体马铃薯的影响

5.1　NaHCO₃ 胁迫试验的材料与方法

5.1.1　试验材料

试验材料为 A002、472-1、A024、A152、A079、A121、A174、A205、A108、A038、A249、A032、270-2、A115、A080、A094 和 A262 共 17 个二倍体马铃薯无性系试管苗,是经 12 次轮回选择适应长日照的原始二倍体栽培种富利亚（*Solanum phureja*,PHU）与窄刀薯（*S. stenotomum*,STN）杂种（PHU-STN）无性系。

5.1.2　试验方法

（1）待测试管苗的培养

取 21 d 苗龄的试管苗,除去苗顶端和最下部,剪成带有 1 片叶的 1 cm 左右的茎段,分别接种到含有 0 mmol/L（pH=5.8）、5 mmol/L（pH=6.8）、10 mmol/L（pH=7.0）NaHCO₃ 的 MS 培养基上,培养瓶用 100 mL 三角瓶,每瓶灌装 40 mL 培养基,接种 10 个茎段,每瓶为 1 次重复,每个碱浓度重复 3 次,完全随机设计。

接种完成后,放在温度(20 ± 2)℃,光照 2 000 ~ 3 000 lx,每日光照 16 h 的组培室内培养。培养 28 d 后,测量形态指标和生理指标。

(2)形态指标测定

芽长、芽鲜重、芽干重、根长、根鲜重和根干重,测定方法同 2.2.2。

(3)生理指标测定

相对含水量、叶绿素含量、丙二醛含量、脯氨酸含量、SOD 活性、POD 活性、可溶性糖含量、可溶性蛋白含量,测定方法同 3.1.3。

5.1.3　统计分析

使用 Microsoft Excel(Office 2003)和统计软件 DPS7. 05 进行数据处理和方差分析。

组间(Between-group comparision)和组内(Within-group comparison)比较按照 Gomez 和 Gomez 的方法进行。方差分析、多重比较、组间和组内比较均使用处理和对照的相对值[见式(2.1)]。

5.2　NaHCO₃ 胁迫对不同盐敏感型二倍体马铃薯形态指标的影响

在 5 mmol/L NaHCO₃ 胁迫下,处理两个亲本+15 个后代间的芽长、芽鲜重、芽干重、根长、根鲜重和根干重共 6 个形态性状均差异极显著。把处理效应进一步分解后,发现母本和父本间除根长这一性状差异不显著外,其他性状差异均达到显著或极显著的水平,根据耐盐反应不同所建立的 3 个组间差异也表现相同的趋势。需要注意的是,尽管组间存在显著或极显著的差异,但是 3 个耐盐程度不同的组内绝大多数性状仍存在极显著的差异。亲本和 3 个组的 6 个形态指标相对值均小于 100,说明在 5 mmol/L NaHCO₃ 胁迫下,会对二倍体马铃薯的生长产生不良的影响。耐盐亲本的芽长、芽鲜重、芽干重、根鲜重、根干重相对值均显著或极显著高于感盐亲本。耐盐组的芽长、芽鲜重、芽干重、根鲜重和根干重相对值均显著或极显著高于感盐组,耐盐组的芽长、芽鲜重和根鲜重相对值均显著或极显著高于中耐盐组,而中耐盐组的芽干重、根鲜重、根干重相对值均显著高于感盐组。亲本间和 3 个组间的根长差异虽然没有达到显著水平,但是测量过程中发现,亲本间和 3 个组间的根数有差异,耐盐亲本、耐盐组和中耐盐组的根数多于感盐亲本和感盐组,这种根数的差异体现在根鲜重和根干重的差异(表 5.1—表 5.4)。

在 10 mmol/L NaHCO₃ 胁迫下,处理两个亲本+15 个后代间的 6 个形态性状差异均极显著。进一步分解处理效应后,发现母本和父本间、组间各性状差异均达到极显著的水平,但是,3 个组的组内差异均极显著。亲本和 3 个组的 6 个形态指标与 5 mmol/L NaHCO₃ 胁迫时相比,进一步下降,特别是感盐亲本、中耐盐组和感盐组的下降趋势更加明显。耐盐亲本的 6 个形态指标均极显著高于感盐亲本;耐盐组的芽长相对值极显著高于中耐盐组,中耐盐组芽长相对值显著高于感盐组,耐盐组芽鲜重、芽干重、根长、根鲜重和根干重相对值均极显著高于中耐盐组和感盐组,而这 5 个形态指标在中耐盐组与感盐组间无显著差异(表 5.1—表 5.4)。这说明二倍体马铃薯在 10 mmol/L NaHCO₃ 胁迫下的变化趋势和 5 mmol/L NaHCO₃ 胁迫下的趋势相似。

表 5.1　不同浓度 NaHCO₃ 胁迫下二倍体马铃薯芽长等 3 个形态指标相对值的方差分析

	df	$F_{芽长}$		$F_{芽鲜重}$		$F_{芽干重}$	
		5 mmol/L	10 mmol/L	5 mmol/L	10 mmol/L	5 mmol/L	10 mmol/L
处理	16	24.36 **	94.32 **	22.25 **	142.31 **	6.06 **	71.87 **
亲本 vs. 后代	1	2.37	37.92 **	1.52	277.78 **	1.62	214.71 **
母本 vs. 父本	1	10.30 **	163.38 **	33.74 **	125.70 **	9.64 **	87.41 **
组间	2	11.05 **	392.38 **	5.10 *	473.91 **	6.00 **	198.74 **
耐盐组内	4	7.90 **	45.30 **	8.89 **	103.00 **	5.52 **	46.54 **
中耐盐组内	4	31.47 **	46.93 **	57.00 **	114.27 **	8.69 **	54.15 **

续表

	df	$F_{芽长}$		$F_{芽鲜重}$		$F_{芽干重}$	
		5 mmol/L	10 mmol/L	5 mmol/L	10 mmol/L	5 mmol/L	10 mmol/L
感盐组内	4	49.38 **	38.52 **	11.73 **	12.16 **	4.20 **	11.90 **
误差	34						

注:各自由度下的 $F_{0.05}$ 和 $F_{0.01}$ 值见表3.1。下同。

表5.2　不同浓度 $NaHCO_3$ 胁迫下二倍体马铃薯根长等3个形态指标相对值的方差分析

	df	$F_{根长}$		$F_{根鲜重}$		$F_{根干重}$	
		5 mmol/L	10 mmol/L	5 mmol/L	10 mmol/L	5 mmol/L	10 mmol/L
处理	16	12.89 **	40.38 **	4.71 **	67.11 **	22.52 **	150.43 **
亲本 vs. 后代	1	9.05 **	67.88 **	4.94 *	60.90 **	23.20 **	245.26 **
母本 vs. 父本	1	0.39	24.39 **	7.40 *	30.75 **	8.03 **	43.01 **
组间	2	0.001	97.05 **	4.84 *	133.78 **	28.35 **	677.05 **
耐盐组内	4	11.85 **	9.25 **	1.97	63.40 **	12.91 **	144.72 **
中耐盐组内	4	20.20 **	45.53 **	2.53	96.13 **	14.59 **	17.16 **
感盐组内	4	17.15 **	35.16 **	8.84 **	19.11 **	40.61 **	29.23 **
误差	34						

表5.3　不同浓度 $NaHCO_3$ 胁迫下亲本及各组间芽长等3个形态指标相对值(%)的差异显著性

无性系	芽长		芽鲜重		芽干重	
	5 mmol/L	10 mmol/L	5 mmol/L	10 mmol/L	5 mmol/L	10 mmol/L
母本(耐盐)	91.02a A	7.49aA	87.04aA	65.98 aA	91.59 aA	81.35 aA
父本(感盐)	80.69bB	39.06bB	67.23bB	42.66 bB	74.30 bB	50.35 bB
耐盐组	86.94aA	70.06aA	82.17a	52.40aA	83.08aA	57.04aA
中耐盐组	82.40bB	39.40bB	78.21b	27.68bB	79.96aAB	32.00bB
感盐组	80.33bB	35.79cB	77.74b	27.52bB	74.58bB	30.91bB

表 5.4　不同浓度 NaHCO₃ 胁迫下亲本及各组间根长等 3 个形态指标相对值(％)的差异显著性

无性系	根长		根鲜重		根干重	
	5 mmol/L	10 mmol/L	5 mmol/L	10 mmol/L	5 mmol/L	10 mmol/L
母本(耐盐)	94.29a	92.10aA	95.83a	44.66aA	89.15aA	61.24aA
父本(感盐)	92.13a	77.15bB	77.78b	28.10bB	73.08bB	42.86bB
耐盐组	87.66a	82.16aA	83.97a	36.59aA	77.08aA	55.31aA
中耐盐组	87.59a	67.06bB	78.01a	17.72bB	64.22bB	15.52bB
感盐组	87.67a	64.82bB	74.87b	17.63bB	58.42cB	15.22bB

5.3　NaHCO₃ 胁迫对不同盐敏感型二倍体马铃薯生理指标的影响

5.3.1　对叶绿素含量的影响

在 5 mmol/L NaHCO₃ 胁迫下,处理两个亲本+15 个后代间的叶绿素 a 含量、叶绿素 b 含量、叶绿素总含量和类胡萝素含量均差异极显著。把处理效应进一步分解后,发现这 4 个性状相对值在母本和父本间的差异显著或极显著,组间差异也极显著,但是组内差异却仍极显著。耐盐亲本的叶绿素 a 含量、叶绿素 b 含量、叶绿素总含量和类胡萝素含量相对值均显著或极显著高于感盐亲本,3 组间叶绿素 a 含量、叶绿素 b 含量、叶绿素总含量和类胡萝素含量相对值均差异显著或极显著,由高到低顺序均为耐盐组>中耐盐组>感盐组。亲本和 3 个组的叶绿素 a 含量、叶绿素 b 含量、叶绿素总含量相对值均小于 100,而耐盐亲本、耐盐组和中耐盐组的类胡萝卜素含量相对值大于 100,感盐亲本和感盐组的类胡萝卜素含量相对值小于 100(表 5.5、表 5.6)。

表 5.5 不同浓度 NaHCO₃ 胁迫下二倍体马铃薯叶绿素 a 含量等 4 个生理指标相对值的方差分析

	df	$F_{叶绿素a含量}$		$F_{叶绿素b含量}$		$F_{叶绿素总含量}$		$F_{类胡萝卜素含量}$	
		5 mmol/L	10 mmol/L	5 mmol/L	10 mmol/L	5 mmol/L	10 mmol/L	5 mmol/L	10 mmol/L
处理	16	88.80**	51.40**	21.07**	81.09**	110.46**	29.52**	55.85**	41.68**
亲本 vs. 后代	1	2.73	13.52**	2.30	8.95**	2.08	0.24	0.96	3.13
母本 vs. 父本	1	6.89*	29.60**	8.89**	100.77**	5.08*	23.13**	23.06**	41.28**
组间	2	14.54**	135.72**	27.37**	456.17**	14.16**	114.93**	61.47**	124.94**
耐盐组内	4	144.24**	43.96**	49.88**	9.62**	180.79**	17.95**	79.28**	12.64**
中耐盐组内	4	171.89**	10.02**	6.38**	8.09**	87.87**	4.11**	101.64**	29.51**
感盐组内	4	29.37**	72.99**	11.55**	51.12**	164.31**	32.71**	5.75**	51.00**
误差	34								

表 5.6 不同浓度 NaHCO₃ 胁迫下亲本及各组间叶绿素 a 含量等 4 个生理指标相对值(%)的差异显著性

无性系	叶绿素 a 含量		叶绿素 b 含量		叶绿素总含量		类胡萝卜素含量	
	5 mmol/L	10 mmol/L	5 mmol/L	10 mmol/L	5 mmol/L	10 mmol/L	5 mmol/L	10 mmol/L
母本(耐盐)	86.64a	83.83aA	88.39aA	76.42aA	84.37a	75.29aA	115.57aA	96.11aA
父本(感盐)	80.57b	71.81bB	78.33bB	60.95bB	79.56b	63.67bB	95.40bB	82.79bB
耐盐组	88.26aA	82.85aA	86.27aA	78.22aA	86.10aA	79.53aA	118.48aA	94.90aA
中耐盐组	85.94bA	69.63bB	80.54bB	59.57bB	83.68bAB	66.14bB	106.85bB	87.34bB
感盐组	82.71cB	68.01bB	75.11cC	60.88bB	81.03cB	64.66bB	97.71cC	80.25cC

在 10 mmol/L NaHCO₃ 胁迫下,处理两个亲本+15 个后代间的叶绿素 a 含量、叶绿素 b 含量、叶绿素总含量和类胡萝素含量差异极显著。把处理效应进一步分解后,发现这 4 个性状在母本和父本间差异极显著,组间差异也极显著,但是组内差异仍极显著。耐盐亲本的叶绿素 a 含量、叶绿素 b 含量、叶绿素总含量和类胡萝素含量相对值均极显著高于感盐亲本,耐盐组的叶绿素 a 含量、叶绿素 b 含量、叶绿素总含量和类胡萝素含量相对值均极显著高于感盐组与中耐盐组,而感盐组与中耐盐组的叶绿素 a 含量、叶绿素 b 含量、叶绿素总含量相对值无显著差异,但中耐盐组的类胡萝卜素含量相对值极显著高于感盐组。随着碱浓度的升高,叶绿素 a 含量、叶绿素 b 含量、叶绿素总含量和类胡萝素含量相对值均下降,且均小于 100(表 5.5、表 5.6)。

5.3.2　对相对含水量的影响

在 5 mmol/L NaHCO₃ 胁迫下,处理两个亲本+15 个后代间差异极显著。把处理效应进一步分解后,发现母本和父本间差异极显著,组间差异也极显著,但是组内差异仍极显著。耐盐亲本的相对含水量相对值极显著高于感盐亲本,3 组间相对含水量相对值均差异极显著,由高到低顺序为耐盐组>中耐盐组>感盐组,且耐盐亲本和耐盐组的相对含水量相对值大于 100,而感盐亲本、中耐盐组和感盐组的相对含水量相对值小于 100(表 5.7、表 5.8)。

在 10 mmol/L NaHCO₃ 胁迫下,处理两个亲本+15 个后代间差异极显著。把处理效应进一步分解后,发现母本和父本间差异极显著,组间差异也极显著,但是组内差异仍极显著。耐盐亲本的相对含水量相对值极显著高于感盐亲本,耐盐组的相对含水量相对值极显著高于感盐组和中耐盐组,而感盐组与中耐盐组间无显著差异。随着碱浓度的升高,亲本和 3 个组的相对含水量相对值降低,且均小于 100(表 5.7、表 5.8)。

5.3.3　对丙二醛含量的影响

在 5 mmol/L NaHCO$_3$ 胁迫下,处理两个亲本+15 个后代间差异极显著。把处理效应进一步分解,发现母本和父本间差异极显著,组间差异也极显著,但是组内差异却仍极显著。感盐亲本的 MDA 含量相对值极显著高于耐盐亲本,3 组间 MDA 含量相对值均差异极显著,由高到低顺序为感盐组>中耐盐组>耐盐组,且亲本和 3 个组的 MDA 含量相对值均大于 100(表 5.7、表 5.8)。

在 10 mmol/L NaHCO$_3$ 胁迫下,处理两个亲本+15 个后代间差异极显著。把处理效应进一步分解,发现母本和父本间差异极显著,组间差异也极显著,但是组内差异仍极显著。感盐亲本的 MDA 含量相对值极显著高于耐盐亲本,感盐组与中耐盐组的 MDA 含量相对值无显著差异,但两组均极显著高于耐盐组。随着碱浓度的升高,MDA 含量相对值明显升高(表 5.7、表 5.8)。

5.3.4　对脯氨酸含量的影响

在 5 mmol/L NaHCO$_3$ 胁迫下,处理两个亲本+15 个后代间差异极显著。把处理效应进一步分解后,发现母本和父本间差异极显著,组间差异也极显著,但是组内差异却仍极显著。耐盐亲本的脯氨酸含量相对值极显著高于感盐亲本,3 组间脯氨酸含量相对值均差异极显著,由高到低顺序为耐盐组>中耐盐组>感盐组,且亲本和 3 个组的脯氨酸含量相对值均大于 100(表 5.7、表 5.8)。

在 10 mmol/L NaHCO$_3$ 胁迫下,处理两个亲本+15 个后代间差异极显著。把处理效应进一步分解后,发现母本和父本间差异极显著,组间差异也极显著,但是组内差异仍极显著。耐盐亲本的脯氨酸含量相对值极显著高于感盐亲本,3 组间脯氨酸含量相对值均差异极显著,由高到低顺序为耐盐组>中耐盐组>感盐组。随着碱浓度的升高,在 10 mmol/L NaHCO$_3$ 胁迫下,脯氨酸含量相对值明显降低,但是相对值仍均大于 100(表 5.7、表 5.8)。

表 5.7 不同浓度 NaHCO₃ 胁迫下二倍体马铃薯脯氨酸含量等 4 个生理指标相对值的方差分析

	df	$F_{相对含水量}$		$F_{丙二醛含量}$		$F_{脯氨酸含量}$		$F_{可溶性糖含量}$	
		5 mmol/L	10 mmol/L	5 mmol/L	10 mmol/L	5 mmol/L	10 mmol/L	5 mmol/L	10 mmol/L
处理	16	69.08**	23.78**	218.77**	51.93**	1 395.33**	1 507.95**	185.15**	31.96**
亲本 vs. 后代	1	8.68**	13.32**	40.76**	17.38**	0.11	16.12**	1.23	0.10
母本 vs. 父本	1	297.56**	21.27**	112.21**	93.01**	427.81**	1 130.35**	11.70**	15.28**
组间	2	236.70**	60.29**	1 278.79**	142.06**	1 768.08**	3 051.74**	99.04**	81.55**
耐盐组组内	4	11.36**	9.90**	64.46**	32.09**	3 656.62**	3 888.30**	565.32**	17.67**
中耐盐组组内	4	37.77**	41.41**	29.39**	47.18**	696.02**	246.69**	65.02**	27.33**
感盐组组内	4	32.30**	5.00**	103.60**	29.84**	237.68**	84.32**	57.51**	38.23**
误差	34								

表 5.8 不同浓度 NaHCO₃ 胁迫下亲本及各组间脯氨酸含量等 4 个生理指标相对值(%)的差异显著性

无性系	相对含水量		丙二醛含量		脯氨酸含量		可溶性糖含量	
	5 mmol/L	10 mmol/L	5 mmol/L	10 mmol/L	5 mmol/L	10 mmol/L	5 mmol/L	10 mmol/L
母本(耐盐)	104.80aA	93.89aA	166.90bB	210.01bB	586.80aA	427.26aA	67.89aA	57.13aA
父本(感盐)	90.39bB	87.26bB	253.43aA	375.18aA	279.00bB	164.74bB	61.15bB	48.14bB
耐盐组	100.78aA	91.83aA	131.83cC	180.10bB	644.39aA	464.94aA	72.68aA	60.57aA
中耐盐组	95.20aB	86.19bB	2751.44bB	294.16aA	392.37bB	271.53bB	63.50bB	49.87bB
感盐组	92.87cC	85.33bB	289.51aA	300.50aA	254.13cC	201.61cC	60.87cC	48.63bB

5.3.5　对可溶性糖含量的影响

在 5 mmol/L NaHCO$_3$ 胁迫下,处理两个亲本+15 个后代间差异极显著。把处理效应进一步分解后,发现母本和父本间差异极显著,组间差异也极显著,但是组内差异仍极显著。耐盐亲本的可溶性糖含量相对值极显著高于感盐亲本,3 组间可溶性糖含量相对值均差异极显著,由高到低顺序为耐盐组>中耐盐组>感盐组,且亲本和 3 个组的可溶性糖含量相对值均小于 100(表 5.7、表 5.8)。

在 10 mmol/L NaHCO$_3$ 胁迫下,处理两个亲本+15 个后代间差异极显著。把处理效应进一步分解后,发现母本和父本间差异极显著,组间差异也极显著,但是组内差异仍极显著。耐盐亲本的可溶性糖含量相对值极显著高于感盐亲本,耐盐组的可溶性糖含量相对值极显著高于感盐组与中耐盐组,而感盐组和中耐盐组间无显著差异,随着碱浓度的升高,可溶性糖含量相对值进一步下降(表 5.7、表 5.8)。

5.3.6　对可溶性蛋白含量的影响

在 5 mmol/L NaHCO$_3$ 胁迫下,处理两个亲本+15 个后代间差异极显著。把处理效应进一步分解后,发现母本和父本间差异极显著,组间差异也极显著,但是组内差异仍极显著。耐盐亲本的可溶性蛋白含量相对值极显著高于感盐亲本,3 组间的可溶性蛋白含量相对值均差异极显著,由高到低顺序为耐盐组>中耐盐组>感盐组,且亲本和 3 个组的可溶性蛋白含量性相对值均大于 100(表 5.9、表 5.10)。

在 10 mmol/L NaHCO$_3$ 胁迫下,处理两个亲本+15 个后代间差异极显著。把处理效应进一步分解后,发现母本和父本间差异极显著,组间差异极显著,耐盐组内和感盐组内差异极显著,而中耐盐组内无显著差异。耐盐亲本的可溶性蛋白含量相对值极显著高于感盐亲本,耐盐组的可溶性蛋白含量相对值极显著高于中耐盐组和感盐组,中耐盐组和感盐组间无显著差异。随着碱浓度的升高,亲本和 3 个组的可溶性蛋白含量相对值明显升高(表 5.9、表 5.10)。

5.3.7　对 SOD 活性的影响

在 5 mmol/L NaHCO₃ 胁迫下,处理两个亲本+15 个后代间差异极显著。把处理效应进一步分解后,发现母本和父本间差异极显著,组间差异也极显著,但是组内差异仍极显著。耐盐亲本的 SOD 活性相对值极显著高于感盐亲本,3 组间的 SOD 活性相对值均差异极显著,由高到低顺序为耐盐组>中耐盐组>感盐组,且亲本和 3 个组的 SOD 活性相对值均小于 100(表 5.9、表 5.10)。

在 10 mmol/L NaHCO₃ 胁迫下,处理两个亲本+15 个后代间差异极显著。把处理效应进一步分解后,发现母本和父本间差异极显著,组间差异也极显著,但是组内差异仍极显著。耐盐亲本的 SOD 活性相对值极显著高于感盐亲本,耐盐组的 SOD 活性相对值极显著高于中耐盐组和感盐组,中耐盐组和感盐组间无显著差异。随着碱浓度的升高,亲本和 3 个组的 SOD 活性相对值进一步下降(表 5.9、表 5.10)。

5.3.8　对 POD 活性的影响

在 5 mmol/L NaHCO₃ 胁迫下,处理两个亲本+15 个后代间差异极显著。把处理效应进一步分解,发现母本和父本间差异极显著,组间差异也极显著,但是组内差异仍极显著。感盐亲本的 POD 活性相对值极显著高于耐盐亲本,3 组间的 POD 活性相对值均差异极显著,由高到低顺序为感盐组>中耐盐组>耐盐组。耐盐亲本、耐盐组和中耐盐组的 POD 活性相对值均小于 100,感盐亲本和感盐组的 POD 活性相对值均大于 100(表 5.9、表 5.10)。

在 10 mmol/L NaHCO₃ 胁迫下,处理两个亲本+15 个后代间差异极显著。把处理效应进一步分解,发现母本和父本间差异极显著,组间差异也极显著,但是组内差异仍极显著。感盐亲本的 POD 活性相对值极显著高于耐盐亲本,感盐组与中耐盐组的 POD 活性相对值无显著差异,但两组均极显著高于耐盐组。随着碱浓度的升高,亲本和 3 个组的 POD 活性相对值明显升高(表 5.9、表 5.10)。

表 5.9 不同浓度 $NaHCO_3$ 胁迫下二倍体马铃薯 SOD 活性等 3 个生理指标相对值的方差分析

	df	$F_{可溶性蛋白含量}$		$F_{SOD活性}$		$F_{POD活性}$	
		5 mmol/L	10 mmol/L	5 mmol/L	10 mmol/L	5 mmol/L	10 mmol/L
处理	16	29.22**	55.42**	203.76**	361.69**	406.70**	172.45**
亲本 vs. 后代	1	8.11**	0.24	35.30**	281.20**	353.70**	6.09*
母本 vs. 父本	1	44.61**	152.31**	8.39**	77.24**	1 600.23**	469.66**
组间	2	135.99**	70.18**	330.34**	32.23**	540.68**	57.19**
耐盐组内	4	4.84**	115.37**	481.40**	1 106.50**	113.15**	347.04**
中耐盐组内	4	13.61**	0.77	50.60**	55.44**	268.25**	38.07**
感盐组内	4	17.25**	32.29**	106.95**	179.10**	456.14**	157.19**
误差	34						

表 5.10 不同浓度 $NaHCO_3$ 胁迫下亲本及各组间 SOD 活性等生理指标相对值(%)的差异显著

无性系	可溶性蛋白含量		SOD 活性		POD 活性	
	5 mmol/L	10 mmol/L	5 mmol/L	10 mmol/L	5 mmol/L	10 mmol/L
母本(耐盐)	119.29aA	166.29aA	46.45aA	40.52aA	55.41bB	98.59bB
父本(感盐)	105.26bB	124.41bB	38.25bB	28.02bB	175.87aA	330.42aA
耐盐组	123.59aA	154.72aA	69.96aA	24.42aA	62.61cC	199.03bB
中耐盐组	114.62bB	140.69bB	43.78bB	20.83bB	93.62bB	242.38aA
感盐组	108.16cC	137.97bB	40.15cC	19.47bB	103.51aA	244.25aA

5.4　NaHCO₃ 胁迫对不同盐敏感型二倍体马铃薯影响小结

5.4.1　利用形态指标的变化评价不同盐敏感型二倍体马铃薯的耐碱性

盐碱胁迫对植物最普遍和最显著的效应就是抑制生长,整体表现就是盐碱胁迫抑制了植物组织和器官的生长,叶、茎和根的鲜重及干重降低。本试验中,在 5 mmol/L NaHCO₃ 胁迫下,亲本的形态表现说明此浓度胁迫抑制了二倍体马铃薯的生长,且感盐亲本受抑制程度较耐盐亲本更强,这表明耐盐亲本比感盐亲本有更强的耐碱性;同时,耐盐组和感盐组的形态表现与亲本一致,即耐盐组比感盐组的耐碱性更强;而耐盐组的芽长、芽鲜重和根干重相对值均显著或极显著高于中耐盐组,中耐盐组的芽干重、根鲜重、根干重相对值均显著高于感盐组,这在一定程度上说明中耐盐组的耐碱性介于耐盐组和感盐组之间。随着碱浓度的升高,在 10 mmol/L NaHCO₃ 胁迫下,二倍体马铃薯的生长受到更严重的抑制,但耐盐亲本仍然表现出比感盐亲本具有更强的耐碱性,同时 3 个组的芽长表现说明耐盐组的耐碱性>中耐盐组>感盐组,另外 5 个形态指标表现则说明,耐盐组的耐碱性最强,而中耐盐组与感盐组的耐碱性不能表现出明显的差异。

5.4.2　利用叶绿素含量的变化评价不同盐敏感型二倍体马铃薯的耐碱性

叶绿素是植物吸收太阳光能进行光合作用的重要物质,在碱胁迫下,叶绿素合成减少,植物光合作用受阻,随着碱浓度的增加,叶绿素含量逐渐降低。植物体内的类胡萝卜素除参加光合作用以外,还具有清除活性氧的作用;长期盐碱胁迫可使其叶片类胡萝卜素含量显著下降,但若盐碱胁迫较轻或胁迫时间较短反而使类胡萝卜素含量增加,从而减轻胁迫的危害。

本试验中,在 5 mmol/L NaHCO$_3$ 胁迫下,亲本和 3 个组(耐盐组、中耐盐组和感盐组)的叶绿素 a 含量、叶绿素 b 含量和叶绿素总含量相对值均小于 100,而耐盐亲本、耐盐组和中耐盐组的类胡萝卜素含量相对值大于 100,感盐亲本和感盐组的类胡萝卜素含量相对值小于 100;在 10 mmol/L NaHCO$_3$ 胁迫下,亲本和 3 个组的叶绿素 a 含量、叶绿素 b 含量、叶绿素总含量和类胡萝素含量相对值进一步下降,且均小于 100。这说明,NaHCO$_3$ 浓度越高,对二倍体马铃薯的胁迫伤害效应越严重。但是,在 5 mmol/L NaHCO$_3$ 胁迫下,耐盐亲本、耐盐组和中耐盐组的类胡萝卜素含量相对值大于 100,说明耐盐二倍体马铃薯通过提高类胡萝素的含量,来减轻碱胁迫对自身的伤害,耐盐二倍体马铃薯对碱胁迫有一定的适应能力,这和李学强等研究结果一致。

另外,在 5 mmol/L 和 10 mmol/L NaHCO$_3$ 胁迫下,耐盐亲本的叶绿素 a 含量、叶绿素 b 含量、叶绿素总含量和类胡萝素含量相对值均显著或极显著高于感盐亲本,说明耐盐亲本比感盐亲本的耐碱性更强。而在 5 mmol/L NaHCO$_3$ 胁迫下,这 4 个指标表现说明,3 个组的耐碱性由高到低顺序为耐盐组>中耐盐组>感盐组;在 10 mmol/L NaHCO$_3$ 胁迫下,3 个组的叶绿素 a 含量、叶绿素 b 含量、叶绿素总含量和类胡萝卜素含量表现说明,耐盐组的耐碱性最强,而中耐盐组与感盐组的耐碱性不能表现出明显的差异;中耐盐组的类胡萝卜素含量相对值极显著高于感盐组,说明中耐盐组在一定程度上对碱胁迫的适应能力比感盐组强。

5.4.3 利用相对含水量的变化评价不同盐敏感型二倍体马铃薯的耐碱性

盐分胁迫与水分胁迫密切相关,两者均使植物吸水困难,严重时引起植物体内水分外渗,这就是渗透胁迫。RWC 较高的植物有较高的渗透调节功能,能较好地反映细胞的水分生理状态。RWC 反映植物体内生理生化代谢的活跃程度,RWC 高的植物生理功能旺盛,对渗透胁迫的适应能力强。张丽平等研究表明,NaHCO₃ 胁迫下,黄瓜叶片的相对含水量明显下降。颜宏等研究表明,随着 Na₂CO₃ 浓度的增加,羊草地上部分的 RWC 均显著下降。

本试验中,在 5 mmol/L NaHCO₃ 胁迫下,耐盐亲本和耐盐组的相对含水量相对值大于 100,而感盐亲本、中耐盐组和感盐组的相对含水量相对值小于 100;随着碱浓度的升高,在 10 mmol/L NaHCO₃ 胁迫下,亲本和 3 个组的相对含水量相对值降低,且均小于 100。这说明低浓度的碱胁迫时,耐盐二倍体马铃薯对碱胁迫有较强的适应能力,而感盐二倍体马铃薯受到了渗透胁迫的伤害,高浓度碱胁迫时,二倍体马铃薯受到了更严重的渗透胁迫伤害。另外,在不同浓度碱胁迫下,耐盐亲本的相对含水量相对值均极显著高于感盐亲本,说明耐盐亲本的耐碱性高于感盐亲本;在 5 mmol/L NaHCO₃ 胁迫下,3 组间相对含水量相对值均差异极显著,由高到低顺序为耐盐组>中耐盐组>感盐组,说明低浓度碱胁迫时,耐盐组的耐碱性>中耐盐组>感盐组;在 10 mmol/L NaHCO₃ 胁迫下,耐盐组的相对含水量相对值极显著高于感盐组和中耐盐组,而感盐组与中耐盐组间无显著差异,说明高浓度碱胁迫时,耐盐组的耐碱性最强,而中耐盐组和感盐组的耐碱性无明显差异。

5.4.4　利用丙二醛含量的变化评价不同盐敏感型二倍体马铃薯的耐碱性

MDA 被认为是逆境胁迫下膜脂过氧化的最终产物,它的含量可以反映植物遭受逆境伤害的程度,MDA 含量与细胞膜透性有关。本试验中,在 5 mmol/L NaHCO₃ 胁迫下,亲本和 3 个组的 MDA 含量的表现说明,此浓度胁迫造成了细胞膜的损伤,且耐盐亲本比感盐亲本受伤害较轻,3 个组受伤害程度由轻到重顺序为耐盐组<中耐盐组<感盐组,即耐盐亲本耐碱性强于感盐亲本,耐盐组耐碱性>中耐盐组>感盐组。在 10 mmol/L NaHCO₃ 胁迫下,亲本和 3 个组的 MDA 含量的表现说明,此浓度胁迫造成的细胞膜伤害比 5 mmol/L 时更加严重,但耐盐亲本仍然表现出比感盐亲本具有更强的耐碱性,耐盐组的耐碱性最强,而中耐盐组与感盐组的耐碱性不能表现出明显的差异。

5.4.5 利用脯氨酸含量的变化评价不同盐敏感型二倍体马铃薯的耐碱性

在逆境条件下,植物积累脯氨酸是一种普遍现象。尽管脯氨酸积累的原因及生理意义仍存在分歧,但脯氨酸作为一种渗透调节物质在植物遭受胁迫伤害时所起的积极作用已为大多数人接受。随着 $NaHCO_3$ 胁迫时间和强度的增加,蚕豆幼苗叶片脯氨酸含量显著增加,甘草脯氨酸含量增加,玉米的脯氨酸含量逐渐增加。谢国生等研究表明,随胁迫程度的加深,水稻脯氨酸大量积累,与 CK 相比增加几倍,但胁迫到一定程度,即达到一定阈值时,脯氨酸合成下降。

本试验中,在不同浓度 $NaHCO_3$ 胁迫下,二倍体马铃薯(两个亲本和 15 个后代)的脯氨酸含量相对值均大于 100,但 5 mmol/L 时各无性系的脯氨酸含量相对值高于 10 mmol/L 时相对值,这与谢国生等的研究结果一致,即当胁迫伤害超过一定限度,植物体开始死亡时,脯氨酸的含量不再积累。另外,在不同浓度 $NaHCO_3$ 胁迫下,耐盐亲本的脯氨酸含量相对值均极显著高于感盐亲本,3 组间脯氨酸含量相对值均差异极显著,由高到低顺序均为耐盐组>中耐盐组>感盐组,这说明耐盐亲本的耐碱性比感盐亲本的强,耐盐组的耐碱性>中耐盐组>感盐组。

5.4.6 利用可溶性糖含量的变化评价不同盐敏感型二倍体马铃薯的耐碱性

与脯氨酸一样,可溶性糖也是植物体内重要的渗透调节物质,其含量越高,植株的渗透调节能力越强,抗逆性越强。在盐碱胁迫下,可溶性糖含量的变化因物种而异。羊草、高粱、玉米在盐碱胁迫下可溶性糖有明显的积累,而对枸杞、燕麦和碱茅的研究结果却是随着盐碱胁迫的加重,叶片中可溶性糖含量相对于对照略有下降。闫永庆等的研究表明,在更高浓度的盐碱胁迫下,细胞遭到破坏,之前积累的可溶性糖用于合成蛋白和大分子糖类的同时,其生成不断减少,植株体内可溶性糖含量下降。

　　本试验中,在 5 mmol/L NaHCO₃ 胁迫下,亲本和 3 个组的可溶性糖含量相对值均小于 100,在 10 mmol/L NaHCO₃ 胁迫下,可溶性糖含量相对值进一步下降。这可能是二倍体马铃薯对碱胁迫比较敏感,轻度的碱胁迫就能使细胞遭到破坏,造成可溶性糖的生成减少,碱浓度越高,破坏越严重。另外,在 5 mmol/L NaHCO₃ 胁迫下,耐盐亲本的可溶性糖含量相对值极显著高于感盐亲本,3 组间可溶性糖含量相对值均差异极显著,由高到低顺序为耐盐组>中耐盐组>感盐组,说明耐盐亲本表现出比感盐亲本更强的耐碱性,耐盐组的耐碱性>中耐盐组>感盐组。而在 10 mmol/L NaHCO₃ 胁迫下,耐盐亲本的可溶性糖含量相对值极显著高于感盐亲本,耐盐组的可溶性糖含量相对值极显著高于感盐组与中耐盐组,而感盐组和中耐盐组间无显著差异,说明耐盐亲本的耐碱性仍然强于感盐亲本,3 组中,耐盐组的耐碱性最强,而中耐盐组和感盐组不能表现出耐碱性的差异。

5.4.7　利用可溶性蛋白含量的变化评价不同盐敏感型二倍体马铃薯的耐碱性

　　如前所述,可溶性蛋白是一种重要的渗透调节物质,与调节植物细胞的渗透势有关,高含量的可溶性蛋白可帮助维持植物细胞较低的渗透势,抵抗逆境带来的胁迫伤害。本试验中,在不同浓度 NaHCO₃ 胁迫下,亲本和 3 个组的可溶性蛋白含量相对值均大于 100,且碱浓度升高,可溶性蛋白含量相对值也明显升高,说明二倍体马铃薯通过提高自身的可溶性蛋白含量来抵抗碱胁迫带来的渗透胁迫,这与夏方山等和石连旋等的研究结果一致。另外,在 5 mmol/L NaHCO₃ 胁迫下,耐盐亲本的可溶性蛋白含量相对值极显著高于感盐亲本,3 组间的可溶性蛋白含量相对值均差异极显著,由高到低顺序为耐盐组>中耐盐组>感盐组,这表明耐盐亲本表现出比感盐亲本更强的耐碱性,耐盐组的耐碱性>中耐盐组>感盐组;在 10 mmol/L NaHCO₃ 胁迫下,耐盐亲本的可溶性蛋白含量相对值极显著高于感盐亲本,耐盐组的可溶性蛋白含量相对值极显著高于中耐盐组和感盐组,中耐盐组和感盐组间无显著差异,说明耐盐亲本的耐碱性仍然强于感盐亲本,3 组中,耐盐组的耐碱性最强,而中耐盐组和感盐组不能表现出耐碱性的差异。

5.4.8 利用 SOD 和 POD 活性的变化评价不同盐敏感型二倍体马铃薯的耐碱性

植物在逆境胁迫下会产生大量的活性氧,SOD 和 POD 是存在于植物细胞中最重要的内源活性氧清除酶类,植物可以依赖 POD 和 SOD 等保护酶系统的协同作用,清除体内一定数量的过剩 O_2^-,使植物的抗逆性得到提高。当植物体内的活性氧自由基产生的速度超过了植物清除活性氧的能力,便会引起细胞伤害,导致其活性明显下降。但是 POD 的作用表现为双重性:一方面,POD 可在逆境胁迫下或衰老初期表达,清除 H_2O_2,表现为保护效应;另一方面,POD 可在逆境胁迫下或衰老后期表达,表现为伤害效应,是植物体逆境胁迫下或衰老到一定阶段的产物,甚至可以作为衰老指标。一般认为其主要作用在于后者。本试验中,在 5 mmol/L NaHCO$_3$ 胁迫下,亲本和 3 个组的 SOD 活性和 POD 活性的表现说明,它们不同程度地受到胁迫引起的活性氧伤害。另外,POD 活性的表现说明,对于耐盐亲本、耐盐组和中耐盐组来说,POD 表现为保护效应,而对于感盐亲本和感盐组来说,POD 表现为伤害效应。耐碱性差异表现为耐盐亲本>感盐亲本,耐盐组>中耐盐组>感盐组。在 10 mmol/L NaHCO$_3$ 胁迫下,亲本和 3 个组的 SOD 活性和 POD 活性的表现说明,它们受到活性氧更严重的伤害,POD 只表现为伤害效应,依受伤害程度不同,耐碱性差异为耐盐亲本>感盐亲本,耐盐组大于中耐盐组和感盐组,而中耐盐组和感盐组没有表现出耐碱性的差异。

5.4.9 二倍体马铃薯耐盐性与耐碱性

在预备试验中,NaHCO$_3$ 浓度设了 5 个,分别为 5 mmol/L、10 mmol/L、

15 mmol/L、20 mmol/L 和 30 mmol/L,接种一周后发现,20 mmol/L 和 30 mmol/L 时,耐盐组、中耐盐组和感盐组的马铃薯苗均不能存活,15 mmol/L 时,只有耐盐组能够存活,在 5 mmol/L 和 10 mmol/L 时,3 个组均能存活。而耐盐性筛选时,NaCl 浓度设定为 80 mmol/L,在该浓度 NaCl 胁迫下,几乎所试二倍体马铃薯无性系均能存活。

在 5 mmol/L NaHCO₃ 胁迫下,形态性状和生理性状表现均说明,17 个二倍体马铃薯无性系(2 个亲本和 15 个后代)对碱的敏感度与对盐的敏感度一致,耐碱性差异表现为耐盐亲本>感盐亲本,耐盐组>中耐盐组>感盐组。在 10 mmol/L NaHCO₃ 胁迫下,形态性状和生理性状表现均说明,耐盐亲本耐碱性仍然强于感盐亲本;3 个组在芽长相对值上表现的耐碱性差异为耐盐组>中耐盐组>感盐组;其余 5 个形态性状和全部生理性状的表现说明,3 个组的耐碱性差异表现为耐盐组耐碱性强于中耐盐组和感盐组,中耐盐组和感盐组没有表现出耐碱性的差异。可见,耐盐二倍体马铃薯的耐碱性最强。

本试验结果表明,盐碱胁迫是两种性质不同的胁迫,碱胁迫对二倍体马铃薯生长的抑制作用明显大于盐胁迫。盐胁迫主要包括渗透胁迫和离子毒害两个方面;碱胁迫除了涉及与盐胁迫相同的致害因素外,还涉及高 pH 胁迫。植物若要在碱环境中生存,不仅要应对生理干旱、离子毒害等盐胁迫因素,还必须应对高 pH 胁迫。本试验所用的 3 个二倍体马铃薯组是根据其在盐胁迫下的表现建立的,二倍体马铃薯无性系可能对高 pH 的反应不一致,或耐高 pH 的基因不同,这可能是 10 mmol/L NaHCO₃ 胁迫时绝大部分性状在中耐盐组和感盐组没有表现出耐碱性差异的主要原因。

综上所述,二倍体马铃薯的形态性状和生理性状一致说明,耐盐二倍体马铃薯耐碱,即耐盐性和耐碱性存在一定的相关关系。

第6章　盆栽盐胁迫条件下不同盐敏感型二倍体马铃薯的生理表现

6.1　盆栽盐胁迫试验的材料与方法

6.1.1　试验材料

试验材料为 A002、472-1、A024、A152、A079、A121、A174、A205、A108、A038、A249、A032、270-2、A115、A080、A094 和 A262 共 17 个二倍体马铃薯无性系试管苗,是经 12 次轮回选择适应长日照的原始二倍体栽培种富利亚(*Solanum phureja*,PHU)与窄刀薯(*S. stenotomum*,STN)杂种(PHU-STN)无性系。

6.1.2　盐胁迫盆栽试验

将约 15 d 苗龄的试管苗移栽到内径为 8 cm 的塑料碗中,塑料碗中装有草炭土和少量蛭石,移栽前浇透水,苗栽到塑料碗中后,再浇一遍水,盖上遮阳网,放在温室内。温室内生长约 3 周后,将塑料碗中的幼苗移栽到上口内径为 40 cm 的大塑料桶中。待幼苗成活后,进行盐胁迫处理。

6.1.3　NaCl 胁迫处理

胁迫浓度设为 0 mmol/L(对照)、30 mmol/L 和 60 mmol/L(处理),重复 3 次,胁迫分两次进行。第一次胁迫时,对照浇 1/2 倍的 hogland 营养液,处理浇 1/2 倍的 hogland 营养液+30 mmol/L NaCl,胁迫 7 d 后采样,测定生理指标;第一次采样 7 d 后,进行第二次胁迫,第二次胁迫时,对照浇 1/2 倍的 hogland 营养液,处理浇 1/2 倍的 hogland 营养液 + 60 mmol/L NaCl,胁迫 7 d 后采样,测定生理指标,平时正常的田间管理。

6.1.4　生理指标的测定

生理指标测定相对含水量、叶绿素含量、丙二醛含量和可溶性糖含量,测定方法同 3.1.3。

6.1.5　统计分析

使用 Microsoft Excel(Office 2003)和统计软件 DPS7.05 进行数据处理和方差分析。

组间(Between-group comparision)和组内(Within-group comparison)比较按照 Gomez 和 Gomez 的方法进行。方差分析、多重比较、组间和组内比较均使用处理和对照的相对值[见式(2.1)]。

6.2　不同盐敏感型二倍体马铃薯的生理表现

6.2.1　叶绿素含量的表现

在 30 mmol/L NaCl 胁迫下,处理两个亲本+15 个后代间的叶绿素 a 含量、叶绿素 b 含量、叶绿素总含量和类胡萝素含量相对值均差异极显著。把处理效应进一步分解后,发现这 4 个性状相对值在母本和父本间的差异均极显著,组间差异也均极显著。3 组内的叶绿素 a 含量和类胡萝素含量相对值差异显著或极显著;耐盐组和中耐盐组内的叶绿素 b 含量相对值差异显著或极显著,感盐组内的叶绿素 b 含量相对值无显著差异;感盐组和耐盐组内的叶绿素总含量相对值差异显著或极显著,中耐盐组内的叶绿素总含量相对值无显著差异。在 30 mmol/L NaCl 胁迫下,耐盐亲本的叶绿素 a 含量、叶绿素 b 含量、叶绿素总含量和类胡萝素含量相对值均极显著高于感盐亲本,3 组间叶绿素 a 含量、叶绿素 b 含量、叶绿素总含量和类胡萝素含量相对值也均差异极显著,由高到低顺序均为耐盐组>中耐盐组>感盐组,且亲本和 3 个组的这 4 个性状相对值均明显小于 100(表 6.1—表 6.3)。

在 60 mmol/L NaCl 胁迫下,处理两个亲本+15 个后代间的叶绿素 a 含量、叶绿素 b 含量、叶绿素总含量和类胡萝素含量相对值均差异极显著。把处理效应进一步分解后,发现这 4 个性状相对值在母本和父本间的差异均极显著,组间差异也均极显著。耐盐组和感盐组内的叶绿素 a 含量相对值差异显著或极显著,中耐盐组内无显著差异;感盐组内的叶绿素 b 含量相对值差异显著,耐盐组和中耐盐组内无显著差异;耐盐组内的叶绿素总含量和类胡萝素含量相对值均差异显著或极显著,中耐盐组内和感盐组内无显著差异。在 60 mmol/L NaCl 胁迫下,耐盐亲本的叶绿素 a 含量、叶绿素 b 含量、叶绿素总含量和类胡萝素含量相对值均极显著高于感盐亲本,3 组间叶绿素 a 含量、叶绿素 b 含量、叶绿素总含量和类胡萝素含量相对值也均差异极显著,由高到低顺序均为耐盐组>中耐盐组>感盐组。随着盐浓度的升高,与 30 mmol/L NaCl 胁迫相比,这 4 个性状相对值进一步下降(表 6.1—表 6.3)。

6.2.2 相对含水量的表现

在 30 mmol/L NaCl 胁迫下,处理两个亲本+15 个后代间的相对含水量相对值差异极显著。把处理效应进一步分解后,发现母本和父本间的差异极显著,组间差异也极显著。耐盐组内的相对含水量相对值差异极显著,中耐盐组和感盐组内无显著差异。在 30 mmol/L NaCl 胁迫下,耐盐亲本的相对含水量相对值极显著高于感盐亲本,3 组间相对含水量相对值均差异极显著,由高到低顺序均为耐盐组>中耐盐组>感盐组,且亲本和 3 个组的相对含水量相对值均小于 100 (表6.2、表6.4)。

在 60 mmol/L NaCl 胁迫下,处理两个亲本+15 个后代间的相对含水量相对值差异极显著。把处理效应进一步分解后,发现母本和父本间的差异极显著,组间差异也极显著。耐盐组内的相对含水量相对值无显著差异,中耐盐组和感盐组内差异显著或极显著。在 60 mmol/L NaCl 胁迫下,耐盐亲本的相对含水量相对值极显著高于感盐亲本,3 组间相对含水量相对值均差异极显著,由高到低顺序均为耐盐组>中耐盐组>感盐组。随着盐浓度的升高,与 30 mmol/L NaCl 胁迫相比,相对含水量相对值进一步下降(表6.2、表6.4)。

6.2.3　丙二醛含量的表现

在 30 mmol/L NaCl 胁迫下,处理两个亲本+15 个后代间的丙二醛含量差异极显著。把处理效应进一步分解,发现母本和父本间差异极显著,组间差异也极显著,但是组内差异仍显著或极显著。感盐亲本的 MDA 含量相对值极显著高于耐盐亲本,3 组间 MDA 含量相对值差异极显著,由高到低顺序为感盐组>中耐盐组>耐盐组,且亲本和 3 个组的 MDA 含量相对值均大于100(表6.2、表6.4)。

在 60 mmol/L NaCl 胁迫下,处理间差异极显著。把处理效应进一步分解,发现母本和父本间差异极显著,组间差异也极显著,但是耐盐组内和中耐盐组内无显著差异,感盐组内差异显著。感盐亲本的 MDA 含量相对值极显著高于耐盐亲本,3 组间 MDA 含量相对值差异极显著,由高到低顺序为感盐组>中耐盐组>耐盐组,随着盐浓度的升高,与 30 mmol/L NaCl 胁迫相比,MDA 含量相对值进一步升高(表6.2、表6.4)。

表 6.1 盆栽条件下二倍体马铃薯叶绿素 a 含量等 3 个生理指标相对值的方差分析

	df	$F_{叶绿素a含量}$		$F_{叶绿素b含量}$		$F_{叶绿素总含量}$		$F_{0.05}$	$F_{0.01}$
		30 mmol/L	60 mmol/L	30 mmol/L	60 mmol/L	30 mmol/L	60 mmol/L		
处理	7	46.66**	49.05**	18.35**	12.95**	89.42**	55.95**	2.66	4.03
亲本 vs. 后代	1	0.00	3.14	1.71	9.44**	3.48	0.04	4.49	8.53
母本 vs. 父本	1	90.79**	141.46**	65.24**	12.03**	353.06**	276.12**	4.49	8.53
组间	2	40.95**	87.82**	21.20**	29.64**	70.55**	52.19**	3.63	6.23
耐盐组内	1	74.68**	4.52*	6.07*	1.61	121.92**	6.69*	4.49	8.53
中耐盐组内	1	72.15**	0.87	11.34**	0.92	0.98	3.74	4.49	8.53
感盐组内	1	7.11*	17.71**	1.71	7.38*	5.37*	0.68	4.49	8.53
误差	16								

表 6.2 盆栽条件下二倍体马铃薯类胡萝卜素含量等 4 个生理指标相对值的方差分析

	df	$F_{类胡萝卜素含量}$		$F_{相对含水量}$		$F_{丙二醛含量}$		$F_{可溶性糖含量}$	
		30 mmol/L	60 mmol/L	30 mmol/L	60 mmol/L	30 mmol/L	60 mmol/L	30 mmol/L	60 mmol/L
处理	7	50.61**	33.77**	15.29**	48.02**	74.90**	35.18**	63.62**	64.23**
亲本 vs. 后代	1	10.73**	0.74	0.00	1.35	21.98**	0.98	0.25	2.26
母本 vs. 父本	1	132.82**	40.67**	9.78**	24.74**	161.32**	102.74**	103.29**	20.53**
组间	2	66.53**	21.06**	27.81**	41.04**	153.44**	66.77**	71.28**	151.42**
耐盐组内	1	29.48**	151.79**	39.86**	0.04	18.91**	0.31	113.38**	9.14**
中耐盐组内	1	24.16**	0.18	1.73	8.50*	6.09*	2.72	81.76**	88.45**
感盐组内	1	24.01**	0.85	0.03	219.40**	9.12**	5.95*	4.09	26.39**
误差	16								

注：各自由度下的 $F_{0.05}$ 和 $F_{0.01}$ 值见表 6.1。

表 6.3　盆栽条件下亲本及各组间叶绿素 a 含量等 4 个生理指标相对值（%）的差异显著性

无性系	叶绿素 a 含量		叶绿素 b 含量		叶绿素总含量		类胡萝卜素含量	
	30 mmol/L	60 mmol/L	30 mmol/L	60 mmol/L	30 mmol/L	60 mmol/L	30 mmol/L	60 mmol/L
母本（耐盐）	76.93aA	64.59aA	79.11aA	69.32aA	86.86aA	75.72aA	88.01aA	81.97aA
父本（感盐）	45.61bB	38.48bB	62.75bB	59.68bB	41.95bB	38.33bB	63.64bB	60.21bB
耐盐组	70.59aA	63.25aA	77.27aA	65.15aA	70.23aA	63.71aA	87.66aA	77.85aA
中耐盐组	63.13bB	55.25bB	72.15bB	60.87bA	64.55bB	59.99bA	81.22bB	67.911bA
感盐组	49.83cC	42.83cC	67.97cC	53.65cB	50.71cC	48.15cB	70.59cC	62.41cB

表 6.4　盆栽条件下亲本及组间可溶性糖含量等 3 个生理指标相对值（%）的差异显著性

无性系	相对含水量		丙二醛含量		可溶性糖含量	
	30 mmol/L	60 mmol/L	30 mmol/L	60 mmol/L	30 mmol/L	60 mmol/L
母本（耐盐）	96.94aA	91.75aA	159.56bB	210.01bB	147.88aA	157.13aA
父本（感盐）	87.72bB	79.81bB	222.06aA	375.18aA	121.85bB	148.14bB
耐盐组	99.98aA	93.75aA	155.93cB	211.07cC	144.55aA	167.06aA
中耐盐组	92.27bB	89.28bA	164.19bB	296.47bB	138.67bB	153.27bB
感盐组	84.43cC	78.93cB	212.36aA	342.24aA	123.59cC	142.73cC

6.2.4 可溶性糖含量的表现

在 30 mmol/L NaCl 胁迫下,处理两个亲本+15 个后代间差异极显著。把处理效应进一步分解后,发现母本和父本间差异极显著,组间差异也极显著,但是耐盐组内和中耐盐组内差异极显著,感盐组内无显著差异。耐盐亲本的可溶性糖含量相对值极显著高于感盐亲本,3 组间可溶性糖含量相对值均差异极显著,由高到低顺序为耐盐组>中耐盐组>感盐组,且亲本和 3 个组的可溶性糖含量相对值均大于 100(表 6.2、表 6.4)。

在 60 mmol/L NaCl 胁迫下,处理间差异极显著。把处理效应进一步分解后,发现母本和父本间差异极显著,组间差异也极显著,但是组内差异仍极显著。耐盐亲本的可溶性糖含量相对值极显著高于感盐亲本,3 组间可溶性糖含量相对值均差异极显著,由高到低顺序为耐盐组>中耐盐组>感盐组,随着盐浓度的升高,可溶性糖含量相对值进一步升高(表 6.2、表 6.4)。

6.2.5 盆栽耐盐试验小结

在前面的试验中,利用形态指标和生理生化指标对二倍体马铃薯的盐敏感度进行评价,都是在组培试验条件下进行的。组培条件下营养生长与田间条件下茎叶生长或产量参数相关性是可以在组培条件下筛选的基础。为了验证本试验在组培条件下评价二倍体马铃薯盐敏感度的可行性,在盆栽盐胁迫条件下,测量二倍体马铃薯的叶绿素含量、相对含水量、丙二醛含量和可溶性糖含量,根据各无性系的这 4 个生理生化指标的变化,以此验证二倍体马铃薯对盐的敏感度是否与组培试验条件下一致。

如前所述,低浓度盐胁迫时,植物的叶绿素含量升高,高浓度盐胁迫时,植物的叶绿素含量下降,且耐盐品种的叶绿素含量高于感盐品种;相对含水量高的植物对渗透胁迫的适应能力强,随着盐胁迫浓度增加,相对含水量下降,且耐盐品种相对含水量高于感盐品种；盐胁迫下，作物 MDA 含量明显升高，且 MDA 增量与抗盐性呈显著的负相关；盐胁迫使可溶性糖含量升高，且耐盐品种的含量高于感盐品种。

本试验中，在 30 mmol/L NaCl 胁迫下，耐盐亲本、感盐亲本、耐盐组、中耐盐组和感盐组的叶绿素 a 含量、叶绿素 b 含量、叶绿素总含量、类胡萝素含量和相对含水量等这几个指标的相对值均小于 100，在 60 mmol/L NaCl 胁迫下，这几个指标的相对值进一步下降。但是，MDA 含量和可溶性糖含量这两个指标的相对值均大于 100，在 60 mmol/L NaCl 胁迫下，这两个指标的相对值显著升高。由此可知，这几个指标相对值在盆栽盐胁迫条件下的变化趋势与组培条件下的趋势一致，与前人的研究结果基本一致。另外，在不同浓度的盆栽盐胁迫条件下，耐盐亲本的叶绿素 a 含量、叶绿素 b 含量、叶绿素总含量、类胡萝素含量、相对含水量和可溶性糖含量等这几个指标的相对值均大于感盐亲本，耐盐亲本的丙二醛含量相对值小于感盐亲本；耐盐组、中耐盐组和感盐组间的叶绿素 a 含量、叶绿素 b 含量、叶绿素总含量、类胡萝素含量、相对含水量、丙二醛含量和可溶性糖含量等这几个指标的相对值均差异极显著，由高到低顺序分别为耐盐组>中耐盐组>感盐组（叶绿素 a 含量、叶绿素 b 含量、叶绿素总含量、类胡萝素含量、相对含水量和可溶性糖含量），感盐组>中耐盐组>耐盐组（丙二醛含量），这说明亲本和 6 个后代无性系在盆栽试验条件下表现出的对盐的敏感度与组培条件下一致，组培方法不但试验成本低，节省时间，节约劳动力，而且可以在任何季节开展试验，在组培条件下评价二倍体马铃薯的耐盐性是可行的。

第 7 章　二倍体马铃薯分子遗传图谱的构建

7.1　构建分子遗传图谱的材料与方法

7.1.1　试验材料

从具有 164 个基因型的二倍体无性系的杂种群体中随机选取 94 个无性系作为构建分子遗传图谱的作图群体。

7.1.2　基因组 DNA 的提取及质量检测

DNA 提取参考 Tanksley 等和 Williamson 等提出的试验方法,采用 CTAB 小量法提取。步骤如下:

①取马铃薯植株 0.2 g 放入 2 mL 的 EP 管中(加入液氮研磨)。

②加入 2% CTAB 提取液 500 μL。

③65 ℃水浴 1 h(其间每隔 5 min 上下颠倒),置于 4 ℃冰箱或室温冷却至 15 ℃以下。

④加入 250 μL 24∶1 氯仿-异戊醇,混匀,静置 5 min,保证样品与氯仿混匀,13 000 r/min 离心 10 min。

⑤取上清液(250 μL)于新的离心管中,加等体积氯仿-异戊醇(250 μL),轻

轻上下颠倒混匀。

⑥13 000 r/min 离心 10 min。

⑦取上清液（400 μL），加入等体积 –20 ℃ 预冷异丙醇（400 μL），静置 5 min。

⑧13 000 r/min 离心 10 min，弃上清，用 70% 乙醇洗两次（500 μL），将液体尽量倒干，或在超净工作台上吹干。

⑨加 300 μL ddH$_2$O，加 4 μL RNA 酶降解，37 ℃ 水浴降解 1 h 室温 30 min，再加 300 μL ddH$_2$O。

⑩加氯仿-异戊醇 600 μL。

⑪13 000 r/min 离心 10 min。

⑫取上清液 400 μL，加 80 μL NaAC（0.3 mol/L），混匀，再加 1 mL 冰无水乙醇，–20 ℃ 下保存 20 min。

⑬13 000 r/min 离心 10 min，用 80% 乙醇洗两次（200 μL），晾干至无酒精气味；加入 30 μL ddH$_2$O 溶解。

⑭用 1% 的琼脂糖凝胶电泳检测 DNA 质量和浓度，以标准 λDNA 为对照，将样品 DNA 浓度调至一致，然后把 DNA 样品放入 –20 ℃ 冰箱中保存。

7.1.3　SSR 分析

1）SSR 引物

本试验所利用的 SSR 引物均是公开发表的文献上公布的，由上海生工工程公司合成，共计 201 对，在双亲及 6 个随机单株间进行筛选。选择在亲本和后代无性系之间多态性较高、条带清晰、重复性好、符合 CP 群体分离类型的引物，将这些引物用于群体多态性的检测。

2）PCR 反应体系

一般 20 μL PCR 的反应体系的配置如下：

2 μL　　　　　模板 DNA(20 ng/μL)；

0.2 μL　　　　Taq 酶(2.5 U/μL)；

1 μL　　　　　引物 1(10 μmol/L)；

1 μL　　　　　引物 2(10 μmol/L)；

2.0 μL　　　　10×Buffer；

2.0 μL　　　　dNTP(2.5 μmol/L)；

2.0 μL　　　　Mg^{2+}；

9.8 μL　　　　ddH₂O。

3)PCR 扩增程序

94 ℃预变性　　5 min；

94 ℃变性　　　30 s；

56 ℃退火 30 s，72 ℃延伸 45 s，35 个循环；

72 ℃终延伸　　5 min；

4 ℃保温。

4)SSR 电泳检测

（1）制板

①大板制备：取大板→用水洗净，晾干→置于灌胶台上→用少量无水酒精清洗一遍，用吸水纸擦干→2 mL 离心管装各加 1.9 mL 无水乙醇、9 μL 醋酸、9 μL binding 液，摇匀→倒于玻璃板上用卫生纸均匀涂抹，边缘地带用力涂抹以防脱胶，放上干净的边条、下端对齐，待用。

②耳朵板制备：将耳朵板放通风橱内→用无水乙醇洗净→用少量的 Repel 轻轻擦涂，待干，取出→将涂 Repel 的一面向下，放在大板上，下端对齐→用夹子夹紧→固定，待用。

③灌胶：将胶装入灌胶瓶→加入 400 μL Asp、40 μL TEMED，摇匀→在灌胶口的一边灌胶，胶向另一端流动时，轻抬灌胶口的一端，以便胶液向下流动，轻

轻拍打以除去气泡。灌胶结束,检查灌胶口处是否有气泡,若有可用齿钩钩出。

④插梳子:在灌胶口处加一些胶→放上梳子,梳齿朝外→待排出气泡后,从一端开始插入梳子,逐个插好→用夹子夹好,固定待用,待凝胶聚合。

(2)上板,电泳

待凝胶聚合后,取下夹子,拔掉梳子→用钢丝球将灌胶口擦干净→用水冲洗净,将梳子洗净,备用。

检查电泳槽的下槽,将洗好的板放在电泳槽上,灌胶口朝上→固定、平衡玻璃板,拧紧螺丝夹→加上上槽液,检查是否有漏液,如果上槽液不向下槽漏液,就可以开始跑胶了。用吹管吸足够的上槽液,吸去胶面上的覆盖物,用微量移液器取 10 μL 左右的 Loading Buffer,隔一定距离点少许。

然后开动电泳仪,开始预电泳,一般是 30 min 左右。Loading Buffer 电泳时分为上下两条带。上面的一条带为二甲苯蓝,下面的带为溴酚蓝。由于 Loading Buffer 的分子量与大多数的微卫星扩增片段的分子量相当,或者是小于一般的 DNA 扩增片段,因此用其来标记电泳进行的程度。

预电泳结束后,暂停电泳仪的工作→用吹管把胶面吹净,梳齿向下插好梳子。梳子插得不宜过深,以免胶面不平。以梳齿接触到胶面,又不串样为最佳→用微量移液器取 5~6 μL 电泳材料的样品,点入点样孔内,待所有的材料点完样后,开始电泳。

(3)下板

根据电泳材料的分子量,各个电泳材料之间的差别可以分开,电泳材料又不能跑到下槽液里→停止电泳,关掉电泳仪电源→放掉上槽液,松开固定夹,把板取下→用刻刀在灌胶口内撬动,把耳朵板取下,拿掉边条。把板放入固定液中固定。

(4)固定+银染

下板后,把玻璃板放入固定液中固定 10 min(固定液:10 mL 醋酸+20 mL 酒精+5 mL 硝酸银+1 500 mL 蒸馏水)。

（5）水洗

蒸馏水水洗数秒钟。

（6）显影

在上一步的水洗槽中把玻璃板迅速取出，放入显影液中［20 g 氢氧化钠（约一盒盖）+6 mL 甲醛+1 000 mL 蒸馏水］，开始显影。

5）数据记录

SSR 标记统计方法参考 Joinmap 4.0，采用 CP 群体分离类型代码：

ab×cd：有 4 个等位基因，来自双亲的位点都杂合；

ef×eg：有 3 个等位基因，来自双亲的位点都杂合；

hk×hk：有 2 个等位基因，来自双亲的位点都杂合；

lm×ll：有 2 个等位基因，第一个亲本位点杂合，第二个亲本纯合；

nn×np：有 2 个等位基因，第一个亲本位点纯合，第二个亲本杂合。

CP 群体的基因型取决于位点分离类型，不同的分离类型有不同的基因型：

ab×cd：ac，ad，bc，bd，分离比率为 1∶1∶1∶1；

ef×eg：ee，ef，eg，fg，分离比率为 1∶1∶1∶1；

hk×hk：hh、hk、kk、h-、k-，分离比率有三种（hh∶k-=1∶3、h-∶kk=3∶1、hh∶hk∶kk=1∶2∶1）

lm×ll：ll、lm，分离比率为 1∶1；

nn×np：nn、np，分离比率为 1∶1。

群体基因型利用以上 5 种分离类型进行统计，电泳原因或者其他原因造成条带模糊或者缺失的计为"-"。

7.1.4　AFLP 分析

1）接头和预扩引物信息

EcoRI 接头（EA）：5′-CTC GTA GAC TGC GTA CC-3′

3′-CTG ACG CAT GGT TAA-5′

MseI 接头（MA）:5′-GAC GAT GAG TCC TGA G-3′

3′-TA CTC AGG ACT CAT-5′

预扩引物 E00:5′-GAC TGC GTA CCA ATT C-3′

预扩引物 M00:5′-GAT GAG TCC TGA GTA A-3′

2）AFLP 反应体系及反应条件

（1）酶切连接体系

6 μL　　　　DNA（20 ng/μL）

0.1 μL　　　EcoR I（20 U/μL）

0.2 μL　　　Mse I（10 U/μL）

0.4 μL　　　EA（5 pmole/μL）

0.4 μL　　　MA（50 pmole/μL）

0.4 μL　　　ATP（10 mM）

2.0 μL　　　NEB Buffer2（10×）

0.2 μL　　　BSA（100×）

0.2 μL　　　T_4DNALigase（400 U/μL）

补足至20μL　　H₂O

反应条件:37 ℃温浴5 h,65 ℃热失活20 min,-20 ℃保存备用。

（2）预扩增反应

①预扩增反应体系。

稀释10 倍的酶切连接产物 5.0 μL

0.6 μL　　　E00（50 ng/μL）

0.6 μL　　　M00（50 ng/μL）

2.0 μL　　　dNTP（2 mmol/L）

2.0 μL　　　PCR Buffer（10×）

0.4 μL　　　Taq E（2.5 U/μL,NEB）

补足至 20μLH₂O

②预扩增反应程序。

4 ℃   5 min

94 ℃   30 s

56 ℃   30 s

72 ℃   60 s

29 times to 2

72 ℃   10 min

预扩增产物稀释 20 倍,-20 ℃保存。

(3)选择性扩增

①选择性扩增反应体系。

5.0 μL   稀释 20 倍的预扩增产物

0.3 μL   M00+3

0.5 μL   E00+3

1 μL   dNTP(2 mmol/L)

1 μL   PCR Buffer (10×)

0.2 μL   Taq E(2.5 U/μL,NEB)

补足至 10μLH₂O

②选择性扩增反应程序。

94 ℃   5 min

94 ℃   30 s

65 ℃ 30 s,-0.7 ℃/cycle

72 ℃   60 s

12 times to 2

94 ℃   30 s

56 ℃   30 s

72 ℃　1　min+1s/cycle

12　times to 6

72 ℃　　　　5　min

3）毛细管电泳检测

选择性扩增样本在 3730XL 型 ABI DNA 分析仪上进行毛细管电泳 30 min（电压 2 kV，进样时间 5 s），用 ABI data collection 2.1 软件收集原始数据，再用 GenemapPer3.5 软件对收集的原始数据进行分析，系统将各峰值的位置与其泳道中 GS3730500 分子量内标作比较确定片段大小，生成图像。各泳道的 DNA 片段大小与分子量内标相比，大小不同的片段会在相应的位置上出现峰值，毛细管电泳图的横坐标能够直接反映出 AFLP 分子标记的片段大小，电泳图纵坐标反映的是 DNA 扩增产物的相对数值。

4）数据记录

根据荧光信号识别的片段数据，结合毛细管电泳图，将有波峰的位置记为"1"，无波峰的位置则记为"0"，生成"0"和"1"的原始矩阵，再转换为 CP 群体分离类型。标记等位基因的命名包含了引物名称和片段大小。

7.1.5　分子遗传图谱构建

采用 JoinMap4.0 软件进行数据运算，并构建分子遗传连锁图。

7.2　盐胁迫下亲本及作图群体的形态性状表现

7.2.1　亲本的形态表现差异

两个亲本是经 12 次轮回选择适应长日照的原始二倍体栽培种富利亚（*Solanum phureja*，PHU）与窄刀薯（*Solanum stenotomum*，STN）杂种（PHU-STN）

无性系,是从 45 份无性系中经耐盐(NaCl)性筛选获得的,其中,母本 472－1 为耐盐亲本,父本 270-2 为感盐亲本。80 mmol/L NaCl 胁迫下,两者在所测形态性状上的差异如表 7.1 和图 7.1 所示。

表 7.1　80 mmol/L NaCl 胁迫下亲本形态性状相对值的差异

	芽长	芽鲜重	芽干重	根长	根鲜重	根干重	平均数
耐盐母本	33.8	42.8	35.3	97.1	23.3	42.6	47.5
感盐父本	7.8	8.7	15.4	3.1	0.0	4.9	3.7

图 7.1　亲本在 80 mmol/L NaCl 胁迫下的差异

7.2.2　作图群体形态性状的正态性检验

从具有 164 个基因型的二倍体无性系的杂种群体中随机选取 94 个无性系作为构建分子遗传图谱的作图群体。在 80 mmol/L NaCl 胁迫下,作图群体的 6 个形态性状相对值表现见表 7.2。6 个性状在 P_1 群体分布的峰度值和偏度值均小于 2,这是数量遗传的典型分布,接近于正态分布,表现为数量遗传的特征,频率分布图如图 7.2 所示。

表 7.2　作图群体形态性状参数统计

	芽长	芽鲜重	芽干重	根长	根鲜重	根干重
平均数	20.59	25.22	32.33	60.04	11.43	23.91

续表

	芽长	芽鲜重	芽干重	根长	根鲜重	根干重
极差	64.28	82.21	85.33	97.28	50.77	72.34
标准差	14.66	16.72	17.59	22.50	11.55	15.26
变异系数	0.71	0.66	0.54	0.37	1.01	0.64
峰度	0.97	1.46	1.02	−0.32	1.98	1.05
偏度	1.26	1.20	1.05	−0.33	1.56	0.98

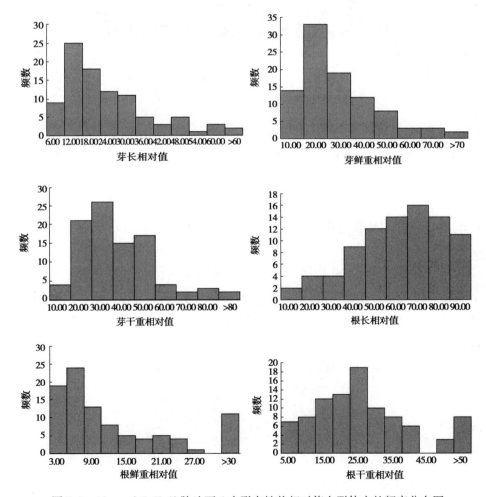

图 7.2　80 mmol/L NaCl 胁迫下 6 个形态性状相对值在群体中的频率分布图

7.3　基因组 DNA 的提取

对亲本及作图群体 94 个株系进行基因组 DNA 的提取。取 5 μL 样品在 1% 琼脂糖凝胶电泳检测,DNA 主带清晰,无降解现象,部分 DNA 样本的琼脂糖电泳结果如图 7.3 所示。

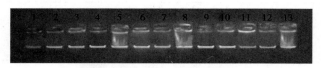

图 7.3　基因组 DNA 的电泳检测

注:泳道 1、2、3 分别为 50 ng/μL、1 000 ng/μL、200 ng/μL 的 λDNA,泳道 4～13 为部分样本 DNA。

7.4　SSR 和 AFLP 引物的筛选

7.4.1　SSR 引物的筛选

本试验所利用的 SSR 引物共计 201 对(部分引物序列见附录),在双亲及 6 个随机单株间进行筛选。选择在亲本和单株之间多态性较高、条带清晰、重复性强、符合 CP 群体统计类型的引物,共筛选出 59 对具有多态性引物,将这 59 对引物用于群体多态性的检测。筛选引物部分结果如图 7.4 所示。

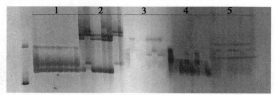

图 7.4　利用双亲及 6 个随机株系进行 SSR 引物的筛选

注:1、2、3、4、5 分别为 5 对 SSR 引物在亲本和 6 个后代无性系间的分离带型,其中 2 和 5 为有多态性的带型。

7.4.2　AFLP 引物的筛选

利用双亲及 6 个随机单株对 12 对 AFLP 引物组合进行多态性分析,根据扩增多态性位点的数目,共筛选出 9 对能在亲本和群体无性系间扩增出差异位点的引物,9 对 AFLP 引物共扩增出 451 个位点,扩增片段大小主要分布在 50 ~ 500 bp,将这 9 对引物用于群体多态性的检测。引物序列及多态性位点数见表 7.3,亲本的毛细管电泳图如图 7.5 和图 7.6 所示。

表 7.3　AFLP 引物组合

引物组合	引物序列	多态性位点数
EACTMCAG	5′-GACTGCGTACCAATTC ACT −3′ 5′-GATGAGTCCTGAGTAA CAG −3′	51
EACTMCAT	5′-GACTGCGTACCAATTC ACT −3′ 5′-GATGAGTCCTGAGTAA CAT −3′	35
EACTMCTA	5′-GACTGCGTACCAATTC ACT −3′ 5′-GATGAGTCCTGAGTAA CTA −3′	42
EACGMCAG	5′-GACTGCGTACCAATTC ACG −3′ 5′-GATGAGTCCTGAGTAA CAG −3′	45
EAACMCAG	5′-GACTGCGTACCAATTC AAC −3′ 5′-GATGAGTCCTGAGTAA CAG −3′	48
EACAMCAG	5′-GACTGCGTACCAATTC ACA −3′ 5′-GATGAGTCCTGAGTAA CAG −3′	38
EACAMCAC	5′-GACTGCGTACCAATTC ACA −3′ 5′-GATGAGTCCTGAGTAA CAC −3′	92
EACTMCAG	5′-GACTGCGTACCAATTC ACT −3′ 5′-GATGAGTCCTGAGTAA CAG −3′	55
EAACMCTG	5′-GACTGCGTACCAATTC AAC −3′ 5′-GATGAGTCCTGAGTAA CTG −3′	45

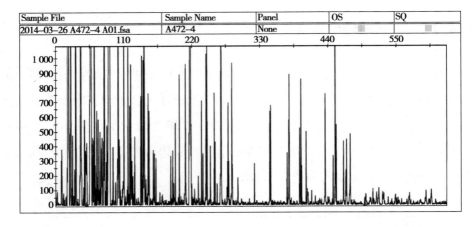

图 7.5 母本 472-1 的毛细管电泳图

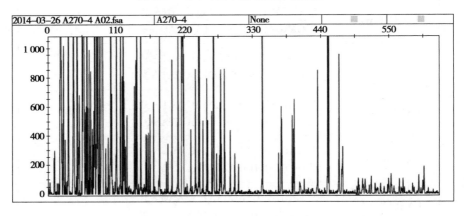

图 7.6 父本 270-2 的毛细管电泳图

7.5 群体 SSR 和 AFLP 分子标记的分析

7.5.1 群体 SSR 分子标记的分析

将 59 对引物用于群体多态性的检测,经过群体检测结果表明,在这 59 对
SSR 引物中,有 42 对经 PCR 扩增检测后符合 CP 群体的分离类型,条带清晰,

多态性稳定。将这 42 个 SSR 标记用于构建分子遗传图谱,其中有 19 个 SSR 标记被定位在连锁群上。部分群体的凝胶电泳检测结果如图 7.7 所示。

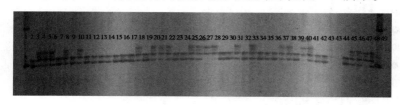

图 7.7　群体部分单株经 STI030 标记检测的结果

注:1 和 49 为 Marker;2 和 3 为母本和父本;4 ~ 48 为部分后代无性系。

7.5.2　群体 AFLP 分子标记的分析

在作图群体 94 个无性系中,统计了 451 个标记位点在群体中的分布,去掉缺失数据较多的标记和一些偏分离特别严重的标记,最后有 278 个标记用于构建分子遗传图谱。在这 278 个标记中,来自母本的标记为 87 个,来自父本的标记为 63 个,来自双亲的标记为 128 个,最后有 140 个 AFLP 标记被定位在连锁群上。部分群体的毛细管电泳检测结果如图 7.8 和图 7.9 所示。

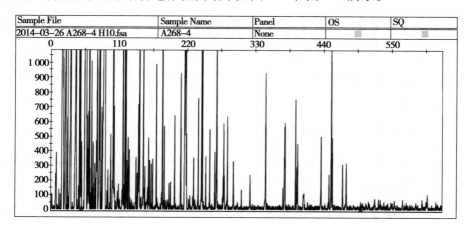

图 7.8　后代无性系 A268 的毛细管电泳图

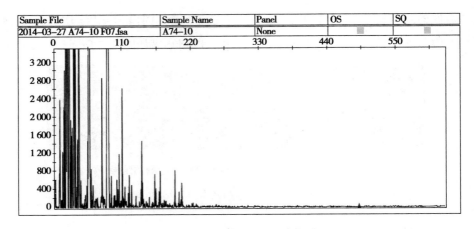

图 7.9　后代无性系 A74 的毛细管电泳图

7.6　分子遗传图谱构建

利用 JoinMap4.0 软件对该群体进行连锁分析,得到一张包含 16 个主要连锁群的遗传连锁图,共计 159 个分子标记(140 个 AFLP 标记和 19 个 SSR 标记),该连锁图覆盖基因组总长度为 1 093 cM,标记间平均图距 6.87cM,16 个主要连锁群长度变化为 10.06 ~ 138.27 cM,平均长度为 68.31 cM,其中 LG1 最长,为 138.27cM,LG8 最短,为 10.06 cM,该连锁图为耐盐相关性状 QTL 的初步定位奠定了基础。

AFLP 分子标记在不同连锁群上分布的数目不均衡,平均每个连锁群上的分子标记数为 9.94 个,LG1 上分子标记数最多,为 74 个,LG8 上分子标记数分布最少,只有两个。

多个连锁群存在大小不等的空隙,LG1、LG3、LG4、LG5、LG6、LG7、LG8、LG9、LG10 上的空隙均小于 20 cM,其余连锁群上的空隙均大于 20 cM,LG1 上存在分子标记密集区,其余连锁群上未发现分子标记密集区。

各个连锁群的详细信息如下(表 7.4 和图 7.10):

LG1：长度为 138.27 cM,分布有 74 个 AFLP 标记,平均图距为 1.87 cM,是 16 个连锁群中标记数最多的,平均图距最小的连锁群。

LG2：长度为 106.04 cM,包含 8 个 SSR 标记,平均图距为 13.26 cM。

LG3：长度为 31.47 cM,包括 6 个 AFLP 标记,平均图距为 5.25 cM。

LG4：长度为 34.99 cM,分布有 4 个 AFLP 标记,平均图距为 13.99 cM。

LG5：长度为 28.09 cM,包含 3 个 AFLP 标记,平均图距为 9.35 cM。

LG6：长度为 47.12 cM,分布有 4 个 AFLP 标记,平均图距为 11.81 cM。

LG7：长度为 26.28 cM,包含 4 个 AFLP 标记,平均图距为 6.67 cM。

LG8：长度为 10.06 cM,只包含两个 AFLP 标记,是 16 个连锁群中所含标记数最少的,平均图距为 5.03 cM。

LG9：长度为 15.97 cM,包含 3 个 AFLP 标记,平均图距为 5.32 cM。

LG10：长度为 137.80 cM,分布有 23 个 AFLP 标记,平均图距为 5.99 cM。

LG11：长度为 79.75 cM,包含 5 个 AFLP 标记,平均图距为 15.95 cM。

LG12：长度为 72.52 cM,包含有 1 个 AFLP 标记,两个 SSR 标记,平均图距较大,为 24.17 cM。

LG13：长度为 72.85 cM,包括 3 个 SSR 标记,平均图距为 24.28 cM,该连锁群无偏分离标记,但是标记间空隙最大。

LG14：长度为 132.87 cM,分布有 8 个 AFLP 标记,平均图距为 16.61 cM。

LG15：长度为 65.76 cM,包括 3 个 AFLP 标记,平均图距较大,为 21.92 cM。

LG16：长度为 89.28 cM,包含 6 个 SSR 标记,平均图距为 14.88 cM。

在 $P<0.05$ 的条件下,对已定位在连锁群上的 159 个标记的群体分离结果作适合性检验,有 122 个标记符合孟德尔分离比例(1∶1 或者 3∶1),其余 37 个标记表现为偏分离,偏分离的比率为 23.3%。在偏分离的 37 个标记中,来自母本的标记有 14 个,来自父本的标记有 8 个,来自双亲位点的有 15 个。除了 LG3、LG5、LG8、LG9 和 LG13,其余连锁群上都不同程度地存在偏分离标记,16 个连锁群上共有 37 个偏分离标记。

表 7.4　分子标记在遗传图谱上的分布

连锁群	长度	标记数	平均标记数	20 cM 以上间距数	平均距离	偏分离标记数
LG1	138.27	74	0.54	1	1.87	11
LG2	106.04	8	0.08	2	13.26	1
LG3	31.47	6	0.19	0	5.25	0
LG4	34.99	4	0.11	0	13.99	1
LG5	28.09	3	0.11	0	9.35	0
LG6	47.12	4	0.08	0	11.81	1
LG7	26.28	4	0.15	0	6.67	1
LG8	10.06	2	0.20	0	5.03	0
LG9	15.97	3	0.19	0	5.32	0
LG10	137.80	23	0.17	0	5.99	8
LG11	79.75	5	0.06	2	15.95	5
LG12	72.52	3	0.04	2	24.17	1
LG13	73.85	3	0.04	2	24.28	0
LG14	132.87	8	0.06	3	16.61	4
LG15	65.76	3	0.05	2	21.92	3
LG16	89.28	6	0.07	3	14.88	1
总和/平均	1 093	159	0.13	1.06	12.27	37

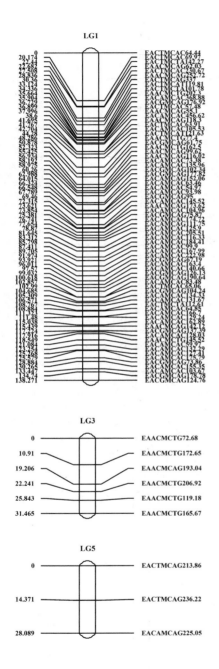

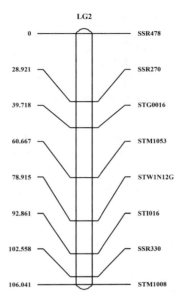

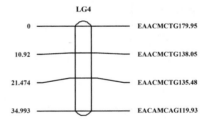

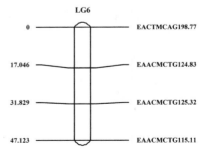

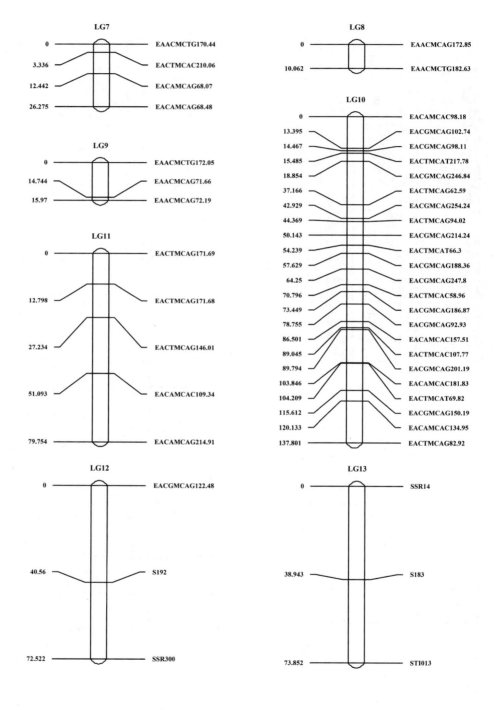

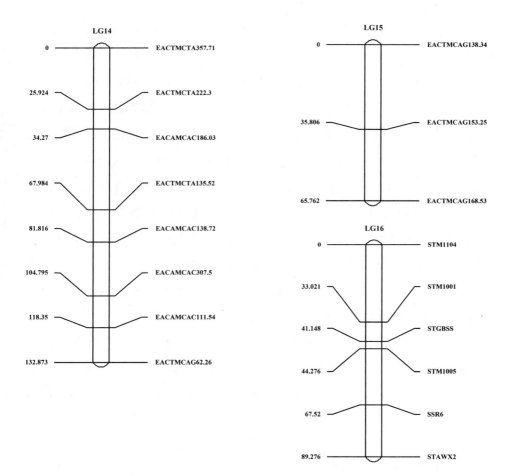

图 7.10　16 个分子遗传连锁图谱

7.7　二倍体马铃薯分子遗传图谱构建的小结

7.7.1　作图群体的选择

遗传作图群体分为暂时性群体(如 F_1、F_2、F_3、F_4、回交和三交群体等)和永久群体(如加倍单倍体、重组自交系和近等基因系群体等)。马铃薯高度杂合,遗传负荷高,自交衰退严重,其遗传研究相对其他作物要复杂和困难,不能像其他作物,如小麦、水稻、玉米、番茄等一样得到纯合的自交系,只能由杂合的亲本通过杂交得到 F_1 个体,以构建分离群体,用于遗传学研究。Gebhardt 等认为根据一个马铃薯群体可以分别构建 3 个遗传连锁图谱,即根据来自母本和父本的标记分别构建两个图谱,根据两个亲本共有的标记构建一个图谱。在这些研究的基础之上,Grattapaglia 和 Sederoff 研究桉树遗传图谱时认为,在由两个杂合亲木杂交得到的 F_1 群体中,许多单重标记在一个亲本中处于杂合状态而在另一个亲本中不出现,呈现类似于测交中的 1∶1 分离比例。可以利用这种标记按照类似于测交群体的方法针对两个亲本各自构建遗传图谱,并将这一策略定义为双拟测交策略。在马铃薯遗传图谱研究中至今仍沿用这一策略。

作图群体的大小直接影响图谱的精度,群体越大,可以检测到的最小图距越小,可以辨别的最大图距越大。国外发表的多张马铃薯图谱,作图群体个体数多在 90~256,本试验所用作图群体有 94 个无性系,已经满足构建框架图谱的要求。为了有效地提高遗传图谱的分辨率,必须加大作图群体的个体数。在今后的工作中,可以将本试验获得的作图群体(包含 164 个无性系)剩余的 70 个无性系继续用于图谱的构建,以提高图谱的分辨率。

7.7.2　标记类型的选择

本试验利用 AFLP 和 SSR 两种标记类型。AFLP 标记的多态性水平最高,可靠性好,检测位点数量最大,是一种增加图谱密度最有效的标记类型。Hans van Os 等构建了马铃薯超密度连锁图谱,该图谱包含 10 365 个标记,其中有 10 305 个标记为 AFLP 标记。Van der Lee 等构建的高密度分子图谱有大量 AFLP 标记密集区的出现,本试验获得图谱中也有标记密集区的出现,这可能与本试验采用的是 EocRI/MseI 引物组合有关,因为这种引物检测的位点多聚集在着丝粒两侧甲基化程度较高的重复序列区域。作为其他分子标记的补充,SSR 标记数量丰富,DNA 多态性较高,可覆盖整个基因组,可以提供较高的遗传信息,以填补其他分子标记遗留下的空白或缝隙,是一种非常好的瞄定标记。本试验中,可能是用于作图的 SSR 标记数目太少,最终只有 19 个 SSR 标记被定位在图谱中,只有 3 个连锁群被瞄定在不同的染色体上,即连锁群 2、13 和 16 连锁群分别瞄定在第 1、2 和 8 染色体上。

另外,本试验中,存在标记在连锁群上分布不均衡现象,在今后的工作中,如果利用 AFLP 标记作图时,可以采用 PstI/MseI 内切酶组合或其他特性互补的组合,或者增加 SSR、CAPS、SCAR、SNP、INdel(插入缺失标记)等标记,用以填补图谱中图距较大的空隙,进一步提高分子遗传图谱的饱和度,以此改善标记分布不均衡的现象,从而提高基因组覆盖率。

7.7.3　分子标记的偏分离

在遗传中,等位基因分离偏离期望的孟德尔分离比的一种现象称为偏分离,偏分离是生物界普遍存在的现象,被认为是生物进化的动力之一。在构建作物的分子遗传图谱时,很多作物都发现了这种偏分离现象,如大豆、玉米、黑麦和水稻等。本试验中,已定位在连锁群上的 159 个标记,有 122 个标记符合孟德尔分离比例(1∶1 或者 3∶1),其余 37 个标记表现为偏分离,偏分离的比率为 23.3%。在偏分离的 37 个标记中,来自母本的标记有 14 个,来自父本的标记有 8 个,来自双亲位点的有 15 个。除了 LG3、5、8、9 和 13,其余连锁群上都不同程度地存在偏分离标记,16 个连锁群上共有 37 个偏分离标记。产生偏分离的原因比较复杂,可能与孢子体或配子体的选择有关。Knox 等认为环境因素、非同源重组、基因转换、转座因子、作图群体亲本某些位点的杂合等都是可能的原因。Faure 认为,导致偏分离的原因有减数分裂时染色体上位点不同源或易位等很难发生联会、配子或合子的选择性、连锁相邻位点间的互作、环境因子等。

第8章 二倍体马铃薯耐盐相关形态性状的QTL分析

8.1 QTL定位分析方法

QTL定位分析采用软件 QTL IciMapping 3.2,使用完备区间作图法(Inclusive Composite Interval Mapping,ICIM),LOD值设定为2.0,利用 NaCl 胁迫下6个形态性状相对值的表型数据,确定QTL以及对应的标记区间。

QTL命名方法按照 QTL+性状+连锁群+QTL 数。其中,QTL以q表示,性状以英文缩写表示,连锁群和QTL数目以数字表示。

8.2 形态性状的QTL定位分析

共检测到与耐盐相关的4个形态性状的6个QTL位点。其中,1个控制芽长相对值的QTL,1个控制芽干重相对值的QTL,3个控制根鲜重相对值的QTL,1个控制根干重相对值的QTL(表8.1和图8.1、图8.2)。

表 8.1 检测到的 QTL 及其效应

性状	QTL	连锁群	标记区间	LOD 值	与连锁标记间距/cM	贡献率/%
芽长	qSL-1-1	1	EACAMCAC135.96 ~ EACGMCAG102.34	2.178	1.26	10.25
芽干重	qSDW-14-1	14	EACAMCAC307.5 ~ EACAMCAC111.54	1.937	1.937	9.20
根鲜重	qRFW-10-1	10	EACTMCAG62.59 ~ EACGMCAG254.2	2.225	1.834	16.79
	qRFW-10-2	10	EACTMCAG9 ~ EACGMCAG214.24	2.196	0.143	10.83
	qRFW-14-3	14	EACAMCAC307.5 ~ EACAMCAC111.54	2.130	0.205	10.29
根干重	qRDW-1-1	1	EACAMCAC456.62 ~ EAACMCAG118.3	2.072	1.4	31.483

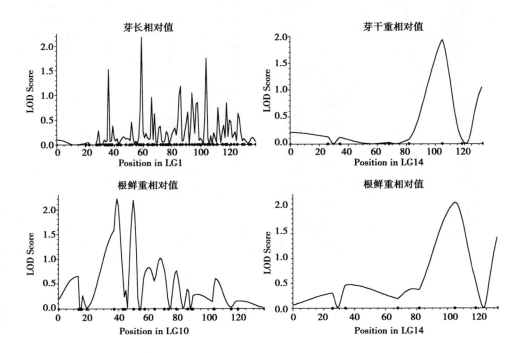

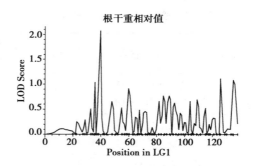

图 8.1　所检测到的 QTL 在连锁群上的 LOD 值分布

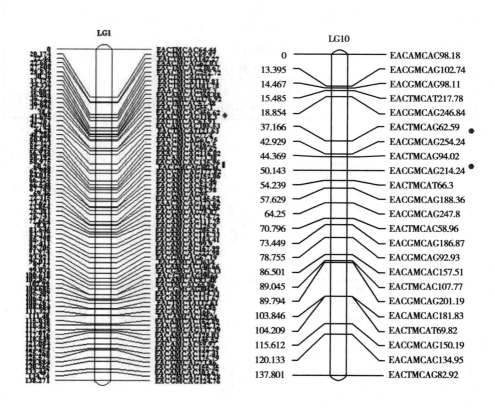

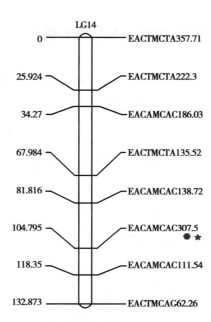

图 8.2　所检测到的 QTL 在连锁群上的分布

8.2.1　芽长相对值的 QTL 分析

在 LG1 上,检测到 1 个控制芽长相对值的 QTL,命名为 qSL-1-1,该位点位于 AFLP 标记 EACAMCAC135.96 和 EACGMCAG102.34 之间,与这两个标记紧密连锁,与标记 EACAMCAC135.96 的间距仅为 0.025 cM,与标记 EACGMCAG102.34 的间距为 1.26 cM,该位点的 LOD 值为 2.178,对芽长相对值变异的贡献率为 10.25% 。

8.2.2　芽干重相对值的 QTL 分析

在 LG14 上,检测到 1 个控制芽干重相对值的 QTL,命名为 qSDW-14-1,该位点位于 AFLP 标记 EACAMCAC307.5 和 EACAMCAC111.54 之间,该位点与标记 EACAMCAC307.5 紧密连锁,间距为 0.205 cM,该位点的 LOD 值为 1.937,对芽干重相对值变异的贡献率为 9.20% 。

8.2.3　根鲜重相对值的 QTL 分析

在 LG10 上,检测到两个控制根鲜重相对值的 QTL,同时,在 LG14 上,也检测到 1 个控制根鲜重相对值的 QTL,3 个 QTL 分别命名为 qRFW-10-1、qRFW-10-2 和 qRFW-14-3。qRFW-10-1 位于 AFLP 标记 EACTMCAG62.59 和 EACGMCAG254.24 之间,与标记 EACTMCAG62.59 紧密连锁,间距为 1.834cM,该位点的 LOD 值为 2.225,对根鲜重相对值变异的贡献率为 16.79%。qRFW-10-2 位于 AFLP 标记 EACTMCAG9 和 EACGMCAG214.24 之间,与标记 EACGMCAG214.24 紧密连锁,间距为 0.143 cM,该位点的 LOD 值为 2.196,对根鲜重相对值变异的贡献率为 10.83%。qRFW-14-3 位于标记 EACAMCAC307.5 和 EACAMCAC111.54 之间,与标记 EACAMCAC307.5 紧密连锁,间距为 0.205 cM,该位点的 LOD 值为 2.130,对根鲜重相对值变异的贡献率为 10.29%。另外,在该连锁群的同一位置处,还检测到了控制芽干重相对值的 QTL。

8.2.4　根干重相对值的 QTL 分析

在 LG1 上,检测到 1 个控制根干重相对值的 QTL,命名为 qRDW-1-1,该位点位于 AFLP 标记 EACAMCAC456.62 和 EAACMCAG118.3 之间,与这两个标记紧密连锁,与标记 EACAMCAC456.62 的间距为 1.4 cM,与标记 EAACMCAG118.3 的间距为 1.695 cM,该位点的 LOD 值为 2.072,对根干重相对值变异的贡献率为 31.483%,可能为主效的 QTL。

8.3　QTL 定位分析小结

在已公开发表的文献中,已检测到马铃薯晚疫病、产量、抗旱性、淀粉含量、糖含量、花青素含量及油炸颜色等一些农艺性状及加工品质性状的 QTL,很少有文献报道关于马铃薯耐盐相关性状的 QTL 研究。本试验在组培 NaCl 胁迫条件下,共检测到与耐盐相关的 4 个形态性状的 6 个 QTL 位点。其中,1 个控制芽长相对值的 QTL(qSL-1-1) ,1 个控制芽干重相对值的 QTL(qSDW-14-1) ,3 个控制根鲜重相对值的 QTL(qRFW-10-1、qRFW-10-2、qRFW-14-3) ,1 个控制根干重相对值的 QTL(qRDW-1-1) 。其中,控制根干重相对值的 qRDW-1-1 的贡献率最大,为 31.48% ,可能是主效基因,大多数研究认为效应较大的主效 QTL 具有较好的材料、群体、环境和分析方法稳定性,是 MAS 的首选目标 QTL。主效 QTL 的定位对利用与之紧密连锁的标记,通过分子辅助选择对重要农艺性状进行改良,具有很大意义,同时是图位克隆基因的基础。在今后的工作中,需要增加标记密度,以便提高定位 QTL 的精度,为分子标记辅助选择和 QTL 精细定位奠定基础。另外,要有方向性地增加更多的 SSR 分子标记,构建能够覆盖全基因组的饱和的分子遗传图谱,使两两标记之间的遗传图距更加合理,从而提高 QTL 检测效率和精度。

Paterson 和 vedlbloom 认为性状相关的 QTL 经常定位到同一个位点。本试验所检测的 6 个 QTL 中,控制芽干重的 qSDW-14-1 和控制根鲜重的 qRFW-14-3 同时位于 LG14 上标记 EACAMCAC30 7.5 和 EACAMCAC111.54 之间的同一位置处,与 AFLP 标记 EACAMCAC307.5 紧密连锁,表明该区间存在一个主效基因或者几个紧密连锁的基因,该位点基因可能同时控制芽干重相对值和根鲜重相对值等数量性状,这些不同性状共同指向的区域有希望用于耐盐标记的辅助选择。

参考文献

［1］Pasternak D. Biosaline research in Israel：Alternative solutions to a limited fresh water supply In：A San Pietroed, Biosaline research. A look to the future. Plenum,NewYork,1982,39-57.

［2］Noble C L. The potential for breeding salt tolerant plants［J］. Proe Royal Soe Viet,1983,95：133-16.

［3］苏永全,吕迎春.盐分胁迫对植物的影响研究简述［J］.甘肃农业科技,2007 38(3)：23-27.

［4］郭望模,傅亚萍,孙宗修.水稻芽期和苗期耐盐指标的选择研究［J］.浙江农业科学, 2004,45(1)：30-33.

［5］张秀玲.不同盐分胁迫对野生大豆种子发芽的影响［J］.大豆科学,2009,28 (3)：461-466.

［6］商丽威,王庆祥,王玉凤. NaCl 和 Na$_2$SO$_4$ 胁迫对玉米杂交种子萌发的影响［J］.杂粮作物,2008,28(1)：20-22.

［7］杨少辉,季静,王罡宋,等.盐胁迫对植物影响的研究进展［J］.分子植物育种,2006,4(3),139-142.

［8］王新伟.不同盐浓度对马铃薯试管苗的胁迫效应［J］.中国马铃薯,1998,12 (4)：203-207.

［9］许兴,李树华,惠红霞,等. NaCl 胁迫对小麦幼苗生长、叶绿素含量及 Na$^+$、K$^+$吸收的影响［J］.西北植物学报,2002,22(2)：278-284.

［10］苗济文,马云瑞,罗代雄,等.土壤盐分对宁夏春小麦的影响［J］.西北农业

学报,1995,4(3):81-84.

[11] 郭洪海,董晓霞,孔令安,等.盐胁迫下饲料酸模植株生长及其与 Na^+、K^+、Cl^- 的关系[J].山东农业科学,1998,30(6):26-29.

[12] 董晓霞,赵树慧,孔令安,等.苇状羊茅盐胁迫下生理效应的研究[J].草业科学,1998,15(5):10-13.

[13] 孙小芳,刘友良,陈沁.棉花耐盐性研究进展[J].棉花学报,1998.10(3):118-124.

[14] 崔兴国,时丽冉.盐胁迫对不同品种谷子萌发及幼苗生长的影响[J].黑龙江农业科学, 2011(6):14-16.

[15] Munns R. Physiological processes limiting plant growth in saline soils:some dogmas and hypotheses [J]. Plant Cell Environ,1993,16:15-24.

[16] Sultana N,Ikeda T Itoh R. Effect of NaCl salinity on photo synthesis and dry matter accumulation in developing rice grain [J]. Environ Exp Bot,1999,42:211-220.

[17] 王仁雷,华春,刘友良.盐胁迫对水稻光合特性的影响[J].南京农业大学学报,2002,25(4):11-14.

[18] 史庆华,朱祝军,等.渗 $Ca(NO_3)_2$ 和 NaCl 胁迫对番茄光合作用的影响[J].植物营养与肥料学报,2004,10(2):188-191.

[19] 张淑红, 张恩平, 庞金安,等.NaCl 胁迫对黄瓜幼苗光合特性及水分利用率的影响[J].中国蔬菜,2005,1:11-13.

[20] 华春,王仁雷.盐胁迫对水稻叶片光合效率和叶绿体超显微结构的影响[J].山东农业大学学报(自然科学版),2004,35(1):27-31.

[21] 汪贵斌,曹福亮.盐胁迫对落羽杉生理及生长的影响[J].南京林业大学学报(自然科学版),2003,27(3):11-14.

[22] Key Q,Pant G. Effects of salt stress on the ultra structure of chloroplast and the activities of some protective enzymes in leaves of sweet potato [J]. Acta

Phytophysiolsin,1999,25(3):229-233.

[23] 柯玉琴,潘廷国.NaCl 胁迫对甘薯叶片水分代谢、光合速率、ABA 含量的影响[J].植物营养与肥料学报,2001,7(3):337-343.

[24] 张俊莲,陈勇胜,武季玲,等.盐胁迫下马铃薯耐盐相关生理指标变化的研究[J].中国马铃薯,2002,16(6)323-327.

[25] 付艳,高树仁,杨克军,等.盐胁迫对玉米耐盐系与盐敏感系苗期几个生理生化指标的影响[J].植物生理学报,2011,47(5):459-462.

[26] 李妮亚,高俊凤,汪沛洪.小麦幼芽水分胁迫诱导蛋白的特征[J].植物生理学报,1998,24(1):65-71.

[27] 方志红,董宽虎.NaCl 胁迫对碱蒿可溶性糖和可溶性蛋白含量的影响[J].中国农学通报,2010,26(16):147-149.

[28] 李彩霞,蒋志荣,孔东升,等.四翅滨藜在张掖地区引种中的若干耐盐生理生化指标的研究[J].安徽农业科学,2007,35(5):1293-1294.

[29] 王玉凤.玉米苗期对 NaCl 胁迫的响应与耐盐性调控机理的研究[D].沈阳:沈阳农业大学农学院,2008.

[30] Elshintinawy F and Elshourbagy M N. Alleviation of changes in protein metabolism in NaCl-stressed wheat seedlings by thiamine[J]. Biol Plant, 2001,44:541-545.

[31] Parida A K, Das A B and Mohanty P. Defense potentials to NaCl in a mangrove, Bruguiera parviflora: differential changes of isoforms of some antioxidative enzymes[J]. Plant Physiol,2004,161(5):531-542.

[32] 杨少辉,季静,王罡,等.盐胁迫对植物影响的研究进展[J].分子植物育种,2006,4(3):139-142.

[33] Kerkeb L,Donaire J P,Rodriguez-Rosales M P. Plasma membrane H^+-ATPase activity is involved in adaptation of tomato calli to NaCl[J]. Physiol Plant, 2001,111(4):483-490.

［34］ Hassanein A M. Alterations in protein and esterase patterns of peanut in response to salinity stress［J］. Biol Plant,1999,42(2):241-248.

［35］ Wu J L,Seliskar D M, Gallagher J L. Stress tolerance in the marsh plane Spartina patens: impact of NaCl on growth and root plasma membrane lipid composition［J］. Physiol Plant,1998,102(2):307-317.

［36］ Leopold A C. Evidence for toxicity effects of salt in membranes ［A］ In: Staples R. Toenniessen G H. Salinity tolerance in Plants. Strategies for crop improvement［C］. New York:John Wiley and Sona,1984,67-75.

［37］ Wahome P K,Jeseh H H,Grittner I. Mechanisms of salt stress tolerance in two rose rootstocks: Rosa chinensis 'Major' and R rubiginosa ［J］. Scientia Horticulturae,2001,87(3):207-216.

［38］ 曾洪学,王俊. 盐害生理与植物抗盐性［J］. 生物学通报,2005,40(9):1-3.

［39］ 郇树乾,刘国道,张绪元,等. NaCl 胁迫对刚果臂形草种子萌发及幼苗生理效应的研究［J］. 中国草地,2004,26(6):45-49.

［40］ 时丽冉,杜军华. 水杨酸对盐害下玉米幼苗质膜稳定性及 K^+/Na^+ 比的影响［J］. 青海师范大学学报:自然科学版(1),2001,17(1):50-52.

［41］ 朱晓军,杨劲松,梁永超,等. 盐胁迫下钙对水稻幼苗光合作用及相关生理特性的影响［J］. 中国农业科学,2004,37(10):1497-1503.

［42］ 龚明,丁念诚,贺子义,等. 盐胁迫下大麦和小麦等叶片脂质过氧化伤害与超微结构变化的关系［J］. 植物学报,1989,31(11):841-84.

［43］ Kuiper P J C. Lipid metabolism of higher plants in saline environrnents［J］. Plant Physiol,1985,18:83-88.

［44］ Muller M, Santarius K A. Changes in choloroplast membrane lipids during adaptation of barley to extreme salinity ［J］. Plant Physiol, 1978, 62 (3): 326-329.

［45］ Lin H,Wu L. Effeets of salt stress on root plasma membrane characteristics of salt-tolerant and salt-sensitive buffalograss clones [J]. Experimental and Environmental Botany,1996,35(3):239-254.

[46] 赵可夫. 植物抗盐生理[M]. 北京:中国科学技术出版社,1993,1-320.

[47] Rathert G. Influence of extreme K/Na ratios and high substrate salinity on plant metabolism of crops differing in salt tolerence[J]. J Plant Nutr,1982,5 (3):183-193.

[48] 贾洪涛,赵可夫. 盐胁迫下 Na⁺、K⁺、Cl⁻对碱蓬和玉米离子的吸收效应[J]. 山东师范大学学报(自然科学版),1998,13(4):437-440.

[49] Martinez V,Lauchli A. Salt-induced inhibitions of phosphate uptake in plant of cotton(Gossypium hirsuzum L)[J]. New phytol,1994,126:609-614.

[50] Levitt, J. Responses of plants to environmental stresses [M]. New York: Academic press,1980,2.

[51] Mohammed S,Sen D N. Gennination behavior of some halophytes in Indian desert[J]. Indian Joumal of Experimenial Biology,1990,28,545-549.

[52] 王洪春. 生物膜结构功能和渗透调节[M]. 上海:上海科学技术出版 社,1987.

[53] Volkmar K M,Hu Y,Steppuhn H. Physiological responses of plants to salinity: a review[J]. Can J Plant Sei,1998,78:19-27.

[54] Hajibagheri M A,Yeo A R,Flowers T J,et al. Salinity resistance in Zeamays: fluxes of potassium, sodium and chloride, cytoplasmic concentrations and microsomal membrane lipids[J]. Plant Cell Environ,1989,12:753-757.

[55] McCue K F,Hanson A D. Drought and salt tolerance:towards understanding and application[J]. Trends Biotechnol,1990,8:358-362.

[56] Aubert S,Hennion F,Bouehereau A, et al. Subcellular compartmentation of praline in the leaves of tlle subantarctic Kerguelen cabbage Pringlea antiscorbutica R. Br. In vivo 13C-NMR study[J]. Plant cell Environ,1999, 22:255-259.

[57] 王玉凤,王庆祥,商丽威. NaCl 和 Na$_2$SO$_4$ 胁迫对玉米幼苗渗透调节物质含量的影响[J]. 玉米科学,2007,15(5):69-71,75.

[58] Cheeseman J M. Mechanisms of salinity tolerance in plants[J]. Plant Physiol, 1988,87(3):547-550.

[59] 王丽燕,赵可夫. NaCl 胁迫对海蓬子离子区室化、光合作用和生长的影响[J]. 植物生理与分子生物学学报,2004,30(1):94-98.

[60] Kishor P B K,Hong Z,Miao G H,et al. Over expression of P5CS increases proline production and confers osmotolerance in transgenic plants[J]. Plant Physiol,1995,108:1387-1394.

[61] 王宝山,邹琦,赵可夫. NaCl 胁迫对高粱不同器官离子含量的影响[J]. 作物学报,2000,6(11):845-850.

[62] Jacoby B. Function of bean roots and stems in sodium retention[J]. Plant Physiology,1964,39:445-449.

[63] 王宝山,赵可夫,邹琦. 作物耐盐机理研究进展及提高作物抗盐性的对策[J]. 植物学通报,1997,14:25-30.

[64] 杨洪兵,丁顺华,邱念伟. 耐盐性不同的小麦根和根茎结合部的拒 Na$^+$作用[J]. 植物生理学报,2001,27(2):179-185.

[65] Greenway H,Munns R. Mechanisms of salt tolerance in nonhalophytes[J]. Plant Physiology,1980,31:149-190.

[66] Cheeseman J M. Mechanism of salinity tolerance in plants[J]. Plant Physiol, 1988,87:547-550.

[67] Gossett D R,Millhollon E P,LucasM C. Antioxidant response to NaCl stress in salt tolerant and salt sensitive cultivars of cotton[J]. Crop Sci,1994,34:706-714.

[68] Hernandez J A,Olmos E,Corpas F J,et al. Salt-induced oxidative stress in chloroplasts of pea plants[J]. Plant Sci,1995,105:151-167.

［69］ Hernandez J,J imenez A,Mullineaux P,et al. Tolerance of pea plants（ Pisum sativum ）to long-term salt stress is associated with induction of antioxidant defences［J］. Plant Cell Environ,2000,23 :853-862.

［70］ Sehmer L,Sosse B,Dizengremel P. Effect of salt stress on growth and on the detoxyfying pathway of pedunculate oak seedlings（ QuercusroburL［J］. Plant Physiol,1995,147 :144-151.

［71］ Kennedy B F,De Fillipp L F. Physiological and oxidative response to NaCl of the salt tolerant Grevillea ilicifolia and the salt sensitive Grevillea arenaria［J］. Plant Physiol,1999,155 :746-754.

［72］ He X L,Zhao L L,Li Y P. Effects of AM fungi on the growth and protective enzymes of cotton under NaCl stress［J］. Acta Ecologica Sinica,2005,25（1）: 188-193.

［73］ Benavides M P, Marconi P L, Gallego S M, et al. Relationship between antioxidant defence systems and salt tolerance in Solanum tuberosum［J］. Plant Physiol,2000,27 :273-278.

［74］ Lee D H, Kim Y S, Lee C B. The inductive responses of the antioxidant enzymes by salt stress in the rice（ Oryza sativa L）［J］. Plant Physiol,2001, 158 :737-745.

［75］ Li G Q, An S Q, Zhang J L. Impact of salt stress on peroxidase activity in Populus deltoides cambium and its consequence［J］. Chinese Journal of Applied Ecology,2003,14（6）:871-874.

［76］ Mittova V,Tal M,Volokita M,et al. Up regulation of the leaf mitochondrial and peroxisomal antioxidative systems in response to salt-induced oxidative stress in the wild salt tolerant tomato species Lycopersicon pennellii［J］. Plant Cell Environ,2003,26 :845-856.

［77］ 单雷,赵双宜,夏光敏. 植物耐盐相关基因及其耐盐机制研究进展［J］. 分

子植物育种,2006,4(1):15-22.

[78] 耿玉珂,周宜君,丁宁,等.植物耐盐突变体筛选与耐盐转基因研究[J].中央民族大学学报(自然科学版),2009,18(4):10-17.

[79] 罗秋香,管清杰,金淑梅,等.植物耐盐性分子生物学研究进展[J].分子植物育种,2006,4(S2):57-64.

[80] 应天玉,刘国生,姜中珠.植物耐盐的分子机理[J].东北林业大学学报,2003,31(1):31-33.

[81] 朱进,别之龙,李娅娜.黄瓜种子萌芽期及嫁接砧木幼苗期耐盐力评价[J].中国农业科学,2006,39(4):772-778.

[82] 李姝晋,朱建清,叶小英,等.俄罗斯优质水稻种质资源耐盐性鉴定和耐盐指标的评价[J].四川大学学报(自然科学版),2005,42(4):848-851.

[83] 石东里,赵丽萍,姚志刚.大穗结缕草萌发期耐盐能力试验[J].湖北农业科学,2007,46(5):782-783.

[84] Franeois L E, Mass F, Donovan T J. Effects of Salinity on grain yield and quality,vegetative growth and germination of semi-dwarf and durum wheat[J]. Agronomy Journal,1986,78:1053-1058.

[85] Arslan A, Zapata F, Kumarasinghe K S. Carbon isotope discrimination as indicator of water-use efficiency of spring wheat as affected by salinity and gypsum addition[J]. Communications in Soil Science and Plant Analysis,1999,30(19/20):2681-2693.

[86] 董志刚,程智慧.番茄品种资源芽苗期和幼苗期的耐盐性及耐盐指标评价[J].生态学报,2009,29(3):1348-1355.

[87] 李磊,赵檀方,胡延吉.大麦芽期耐盐性鉴定指标初探[J].莱阳农学院学报,2000,17(1):29-31.

[88] 费伟,陈火英,曹忠,等.盐胁迫对番茄幼苗生理特性的影响[J].上海交通大学学报(农业科学版),2005,23(1):5-9.

［89］肖雯,贾恢先,蒲陆梅. 几种盐生植物抗盐生理指标的研究［J］. 西北植物学报 2000,20(5):818-825.

［90］Dasgan H Y, Aktas H, Abak K. Determination of screening techniques to salinity to tolerance in tomatoes and investigation of genotype responses［J］. Plant Science,2002,(4):695-703.

［91］Belkhodja R, Morales F, Abadia A. Chlorophyll fluorescence as a possible tool for salinity tolerance screening in barley (Hordeum vulgare L.)［J］. Plant Physiology,1994,(2):667-673.

［92］Michelmore R W, Shaw D V. Quantitative genetics:Characterdissection［J］. Nature,1988,335:672-673.

［93］Staub J E, Serquen F C, Gupta M. Genetic markers,map construction,and their application in plant breeding［J］. Hortsciece,1996,31:729-741.

［94］王加加. 马铃薯抗晚疫病基因 R10 的高分辨率遗传图谱构建［D］. 哈尔滨:东北农业大学,2008.

［95］阮成江,何祯祥,钦佩. 中国植物遗传连锁图谱构建研究进展［J］. 西北植物学报,2002,22(6):246-256.

［96］Ganal M W, Tanksley S D. Analysis of tomato DNA by pulsed field gel electrophoresis［J］. Plant Mol Biol,1989,7:17-27.

［97］赵淑清,武维华. DNA 分子标记和基因定位［J］. 生物技术通报,2000(6):1-4.

［98］辛业芸. 分子标记技术在植物学研究中的应用［J］. 湖南农业科学,2002(4):9-12.

［99］何风华. DNA 分子标记及其在植物遗传育种上的应用［J］. 生物学教学,2004,29(1):8-9.

［100］吴玉辉. 番茄分子遗传图谱的构建及其抗灰霉病 QTL 的定位［D］. 泰安:2008.

[101] 李爱丽,马峙英. AFLP 分子标记与作物改良[J]. 河北农业大学学报, 2001,24(1):89-94.

[102] 张海英,许勇,王永健. 分子标记技术概述(上)[J]. 长江蔬菜,2001(2): 4-6.

[103] Livneh O,Nagler Y,Harush S B,et al. RFLP analysis of a hybrid cultivar of pepper its use in distinguishing between parental lines and in hybrid identification[J]. Seed Sci Technol,1990,18:209-214.

[104] Williams J G K,Kubelik A R,Livak K J. DNA Polymorphisms amplified by arbitrary primers are useful as genetic markers[J]. Nucleic Acid Res,1990, 18:6531-6535.

[105] Wikie. RAPD markers for genetic analysis in Allium[J]. Theor Appl Genet, 1993,86: 497-504.

[106] Kruglyak S, Durrett R T, Schug M D. Equilibrium distributions of microsatellite repeat length resulting from a balance between slippage events and point multations[J]. Proc Natl Acad Sci,1998,95:10774-10778.

[107] Dror Sharon. DNA fingerprints in plants using simple-sequence repeat and minisatellite probes[J]. Hortscience,1995,30(1):109-112.

[108] Katzir N. Length polymorphism and homologies of microsatellites in several Cucurbitaceae Specie[J]. Theor Appl. Genet,1996,93:1252-1290

[109] Roder M. Abundunce variability and chromosomal location of microsatellites in wheat[J]. Mol Gen Genet,1995,246:327-333.

[110] Zabeau M, Vos P. Selective restriction fragment amplification:A general method for DNA fingerprints[J]. European Patent Application,Pub,1993.

[111] Powell W, Morgante M, Ande C, et al. The comparison of RFLP, RAPD, AFLP,SSR(microsatellite) markers for germplasm analysis[J]. Mol Breed, 1996a,12:225-238.

[112] Keim P,Schupp J M,Travis S E,et al. A high-density soybean genetic map based on AFLP markers[J]. Crop Sci,1997,37:537-543.

[113] Gupta M,Chyi Y S,Romero S J,et al. Amplification of DNA markers from evolutionarily diverse genomes using single primers of simple sequence repeats[J]. Theor Appl Genet,1994,89:998-1006.

[114] 王霖. 小麦遗传连锁图谱构建及主要农艺和品质性状 QTL 定位[D]. 泰安:山东农业大学,2012.

[115] Olson M,Flood L,Cantor D,et al. A common language for physical mapping of the human genome[J]. Science,1989,245:1434-1435.

[116] Schuler G D. A gene map of the human genome[J]. Science,1996,274:540-567.

[117] 张坤普. 小麦分子遗传图谱的构建及数量性状基因定位[D]. 泰安:山东农业大学,2008.

[118] 周延清. DNA 分子标记技术在植物研究中的应用[M]. 北京:化学工业出版社,2005.

[119] Gebhardt C,Ritter E,Debener T. RFLP analysis and linkage mapping in *Solanum tuberosum* [J]. Theor Appl Genet,1989,78:65-75.

[120] 万建林,翟虎渠,万建民,等. 利用粳稻染色体片段置换系群体检测水稻抗亚铁毒胁迫有关性状 QTL[J]. 遗传学报,2003,30(10):893-898.

[121] 余传元,万建民,翟虎渠,等. 利用 CSSL 群体研究水稻籼粳亚种间产量性状的杂种优势[J]. 科学通报,2005,50(1):32-37.

[122] Kubo T,Aida Y,Nakamura K. Reciprocal chromosome segment substitution series derived from japonica and indica cross of rice (Oryza sativa L)[J]. Breeding Sci,2002,52:319-325.

[123] 张孝峰. 番茄分子遗传图谱的构建及抗灰霉病 QTL 的定位[D]. 呼和浩特:内蒙古农业大学园艺学与工程学院,2006.

［124］ 杨迪菲. 黄瓜耐热性 QTL 定位的研究［D］. 哈尔滨：东北农业大学，2006.

［125］ 徐云碧，朱立煌. 分子数量遗传学［M］. 北京：中国农业出版社，1994.

［126］ 王美. 大白菜遗传图谱构建及抗 TUMV 的 QTL 分析［D］. 泰安：山东农业大学，2003.

［127］ Paterson A H. Resolution of quantitative traits into Mendelian factors by using a complete linkage map of restriction fragment Length polymorphysiums［J］. Nature，1988，335：721-726.

［128］ Lander E S，Botstein D. Mapping Mendelian factors underlying quantitative traits using RFLP linkage maps［J］. Ge＝netics，1989，121：185-199.

［129］ Dudley J W. Molecular markers in plant improvement：Manipulation of genes affecting quantitative traits［J］. Crop Sci，1993，33：660-668.

［130］ Darvasi A，Solier M. Optimum spacing of genetic markers for determining linkage between marker loci and quantitative trait loci［J］. Theor Appl Genet，1994，89：351-368.

［131］ Tanksley S D，Medina Filho H，Rick C M. Use of naturally occurring enzyme variation to detect and map genes controlling quantitative traits in an interspecific backcross of tamato［J］. Heredity，1982，49：11-25.

［132］ Soller M，Brody T，Genizi A. On the power of experimental design for the detection of linkage between marker loci and quantitative loci in crosses between inbred lines［J］. Theor Appl Genet，1976，47：35-39.

［133］ Zeng Z B. Precision mapping of quantitative trait loci［J］. Genetics，1994，136：1457-1468.

［134］ Botstein D，White R L，Skolnick M，et al. Construction of a genetic linkage map using restriction fragment length polymorphisms［J］. Amer J Hum Genet，1980，32：314-331.

［135］ 朱军. 运用混合线性模型定位复杂数量性状基因的方法［J］. 浙江大学学

报(自然科学版),1999(33):327-335.

[136] Li H H,Ye G Y,Wang J K. A modified algorithm for the improvement of composite interval mapping[J]. Genetics Society of America,2007,175: 361-374.

[137] Zhang K P,Zhao L,Tian J C,et al. A genetic map constructed using a double haploid population derived from two elite Chinese common wheat varieties [J]. Journal of Integrative Plant Biology,2008,50:941-950.

[138] 王建康. 数量性状基因的完备区间作图方法[J]. 作物学报,2009,35(2): 239-245.

[139] Maas E V,Hoffman G H. Crop salt tolerance-Current assessment [J]. American Society of Civil Engineers Proceedings Journal of Irrigation and Drainage Division,1977,103:115-134.

[140] Ahmad R Z,Abdullah U N. Salinity induced changes in the growth and chemical composition of potato[J]. Pakistan Journal of Botany,1979,11: 103-112.

[141] Barnes W C,Peele T C. The effect of various levels of salt in irrigation water on vegetable crops[J]. Proceedings of the American Society for Horticultural Science,1958,72:339-342.

[142] BernsteinL,Avers A D. Salt tolerance of six varieties of green beans[J]. Proceedings of the American Society for Horticultural Science,1951,57: 243-248.

[143] Levy D. The response of potatoes (Solarium tuberosum L) to salinity:Plant growth and tuber yields in the arid desert of Israel[J]. Annals of Applied Biology,1992,120:547-555.

[144] Paliwal K V,Yadav B R. Effect of saline irrigation water on the yield of potato [J]. Indian Journal of Agricultural Science,1980,50:31-33.

［145］ Levy D, Fogelman E, Itzhak Y. The effect of water salinity on potatoes (*Solanttm tuberosum* L)：Physiological indices and yielding capacity［J］. Potato Research,1988,31：601-610.

［146］ Heuer B, Nadler A. Growth and development of potatoes under salinity and water deficit［J］. Australian Journal of Agricultural Research, 1995, 46：1477-1486.

［147］ Nadler A, Heuer B. Effect of saline irrigation and water deficit on tuber quality［J］. Potato Research,1995,38：119-123.

［148］ Bilski J J, Nelson D C, Conlon R L. The response of four potato cultivars to chloride salinity, sulphate salinity, and calcium in pot experiments［J］. American Potato Journal,1988,65：85-90.

［149］ Naik P S, Widholm J M. Comparison of tissue culture and whole plant responses to salinity in potato［J］. Plant Cell, Tissue and Organ Culture, 1993,33：273-280.

［150］ Zhang Y, Brault M, Chalavi V, et al. In Vitro Screening for Salinity Tolerant Potato. In：Biometeorology. Proceedings of the 13th International Congress of Biometcorology,September 12-18,1993［C］. Calgary,AB,Canada. Part 2,2：491-498.

［151］ Morpurgo R. Correlation between potato clones grown in vivo and in vitro under sodium chloride stress conditions［J］. Plant Breeding, 1991, 107：80-82.

［152］ Morpurgo R, Silva-Rodriguez D. In vitro differential response of the potato (Solanum tuberosum L.) under sodium chloride stress conditions［J］. Rivista di Agricoltura Subtropicale e Tropicale,1987,81：73-77.

［153］ Hawkes J G. History of the potato［M］. In The potato crop-The scientific basis for improvement,(ed). P M Harris, New York：Chapman and Hall,1992,

1-14.

[154] Zhang Y, Donnelly D. In vitro bioassays for salinity tolerance screening of potato[J]. Potato Research, 1997, 40:285-295.

[155] Bilski J J, Nelson D C, Conlon R L. Response of six wild potato species to chloride and sulfate salinity[J]. American Potato Journal, 1988, 65:605-612.

[156] Khrais T, Leclerc Y and Donnelly D J. Relative salinity tolerance of potato cultivars assessed by in vitro screening[J]. American Journal of Potato Research, 1998, 75:207-210.

[157] Heuer B and Nadler A. Physiological response of potato plants to soil salinity and water deficit[J]. Plant Science, 1998, 137:43-51.

[158] Levy D. Genotypic variation in the response of potatoes (Solanum tuberosum L.) to high ambient temperatures and water deficit[J]. Field Crops Research, 1986, 15:85-96.

[159] Ashraf M. Breeding for salinity tolerance in plants[J]. Critical Reviews in Plant Sciences, 1994, 13:17-42.

[160] Gong J D, Pasternak D, Demalach Y and Gong J D. Salinity tolerance of potatoes grown on sandy soils and its management with saline water trickle irrigation[J]. Acta Pedol Sinica, 1996, 33:405-413.

[161] Blumv A. Plant breeding for stress environments[M]. Boca Raton: CRC, 1988.

[162] 康玉林, 徐利群, 张春震, 等. 不同盐浓度对马铃薯实生苗的影响[J]. 马铃薯杂志, 1996:10(1), 17-19.

[163] 王新伟. 不同盐浓度对马铃薯试管苗的胁迫效应[J]. 中国马铃薯, 1998: 12(4), 203-207.

[164] 张耀辉, 尹江, 马恢, 等. 马铃薯耐盐碱愈伤组织筛选及分化研究[J]. 中国马铃薯, 2005:19(5), 273-275.

［165］崔焱森,张俊莲,李学才,等. 马铃薯试管苗对盐胁迫的生理反应［J］. 中国马铃薯,2005:21(1),1-5.

［166］梁春波,韩秀峰,邸宏,等. 马铃薯新型栽培种耐盐性鉴定与筛选［J］. 中国马铃薯,2006,20(2):68-72.

［167］张景云. 二倍体马铃薯耐盐材料筛选及其生理特性表现［D］. 哈尔滨:东北农业大学,2010.

［168］Luo Z W,Hackett C A,Bradshaw J E,et al. Construction of a genetic linkage map in tetraploid species using molecular markers［J］. Genetics 2001,157:1369-1385.

［169］Hackett C A,Bradshaw J E,Mcnicol J W. Interval mapping of QTLs in autotetraploid species［J］. Genetics,2001,159:1819-1832.

［170］Swaminathan M S,Howard H W. The cytology and genetics of the potato (Solanum tuberosum) and related species［J］. Bibliogr Genet,1953,16:188-192.

［171］Bradshaw J E,Pande B,Bryan G J,et al. Interval mapping of quantitative trait loci for resistance to late blight［Phytophthora infestans (Mont.) de Bary］,height and maturity in a tetraploid population of potato (Solanum tuberosum subsp. tuberosum)［J］. Genetics,2004,168:983-995.

［172］Bryan G J,McLean K,Pande B,et al. Genetical dissection of H3-mediated polygenic PCN resistance in a heterozygous autotetraploid potato population［J］. Mol Breed,2004,14:105-116.

［173］Bradshaw J E,Hackett C A,Pande B,et al. QTL mapping of yield,agronomic and quality traits in tetraploid potato (*Solanum tuberosum* subsp. *tuberosum*)［J］. Theor Appl Genet,2008,116:193-211.

［174］Costanzo S,Simko I,Christ B J,et al. QTL analysis of late blight resistance in a diploid potato family of *Solanum phureja* x S. *stenotomum*［J］. Theoretical and Applie Genetics,2005,111:609-617.

[175] Caromel B,Mugniery D,Kerlan M C,et al. Resistance quantitative trait loci originating from *Solanum sparsipilum* act independently on the sex ratio of Globodera pallida and together for developing a necrotic reaction[J]. Mol Plant Microbe,2005,18:1186-1194.

[176] Anithakumari A M,Dolstra O,Vosman B,et al. In vitro screening and QTL analysis for drought tolerance in diploid potato[J]. Euphytica,2011,181:357-369.

[177] 金黎平. 二倍体马铃薯加工品质及重要农艺性状的遗传分析[D]. 北京:中国农业科学院,2006.

[178] 单友蛟. 二倍体马铃薯 SSR 遗传图谱的构建及若干农艺性状的 QTLs 定位分析[D]. 北京:中国农业科学院蔬菜花卉所,2010.

[179] 李竞才. 二倍体马铃薯遗传图谱构建及晚疫病抗性 QTL 定位[D]. 武汉:华中农业大学,2012.

[180] 祁缘. 马铃薯晚疫病抗性 QTL 区域分子标记开发[D]. 武汉:华中农业大学,2013.

[181] 赵可夫. 植物抗盐生理[M]. 北京:中国科学技术出版社,1993.

[182] 赵可夫,李法曾. 中国盐生植物[M]. 北京:科学出版社,1999.

[183] 李瑞利. 两种典型盐生植物耐盐机理及应用耐盐植物改良盐渍土研究[D]. 天津:南开大学,2010.

[184] Katerji N,van Hoorn J W,Hamdy A. Salinity effect on crop development and yield,analysis of salt tolerance according to several classification methods [J]. Agric Water Manag,2003, 62:

[185] Hawkes J G. The Potato Evaluation,Biodiversity and Genentie Resources [M]. London Belhaven Press,1990.

[186] Ross H. Potato-breeding problems and perspectives[M]. Verlag Paul Parey,

Berlin,1986,132.

[187] Iwanaga M,Sehmiediche P. 利用野生种改良马铃薯品种[C]. 国际马铃薯中心通讯,1989,17:2.

[188] Ortiz R,Iwanaga M,Rarrian K. Breeding for resistance to potato tuber moth *Phthorimaea operculella*. (Zeller) in diploid potatoes[J]. Euphytica,1990, 50:119-126.

[189] Watanabe K, El-Nashaar H, Iwanaga M. Transmission of bacterial wilt resistance by FDR 2n pollen via $4x \times 2x$ crosses in potatoes[J]. Euphytica, 1992,60:21-26.

[190] Ortiz R,Iwanaga M,Peloquin S J. Breeding potatoes for developing countries using wild tuber bearing *Solanum* spp and ploidy manipulation[J]. J Genet and Breed,1994,48:89-98.

[191] Murphy A M,De Jong H,Tai G C C. Transmission of resistance to common scab from the diploid to the tetraploid level via $4x \times 2x$ crosses in potatoes [J]. Euphytica,1995,82:227-233.

[192] Gosal S S,Bajaj Y P. Isolation of sodium chloride resistant cell line in some grain legumes[J]. Ind Exp Biol,1984,22:209-214.

[193] Tewary P K,Sharma A,Raghunath M K,et al. In vitro response of promising mulberry genotypes for tolerance to salt and osmotic stresses [J]. Plant Growth Regul,2000,30:17-21.

[194] Nabors M W. Environmental stress resistance procedure and applications [M]. Philip J D (ed) Plant cell line selection,1990,VCH Weinheim, 167-185.

[195] Simko I,Vreugdenhil D,Jung C S,et al. Similarity of QTLs detected for in vitro and greenhouse development of potato plants[J]. Mol Breeding,1999 (5):417-428.

［196］ Gopal J,Iwama K. In vitro screening of potato against water-stress mediated through sorbitol and polyethyleneglycol［J］. Plant Cell Rep, 2007, 26: 693-700.

［197］ Gopal J,Iwama K,Jitsuyama Y. Effect of water stress mediated through agar on in vitro growth of potato［J］. In Vitro Cell Dev Biol Plant, 2008, 44: 221-228.

［198］ Feingold S, Lloyd J, Norero N, et al. Mapping and characterization of new EST-derived microsatellites for potato（Solanum tuberosum L）［J］. Theor Appl Genet,2005,111:456-466.

［199］ Ghislain M, David H, Spooner M. The single Andigenum origin of Neo-Tuberosum potato materials is not supported by microsatellite and plastid marker analyses［J］. Theor Appl Genet,2009,118:963-969.

［200］ Drouin R,Nicole L,Richer C L. Analysis of DNA replication during S-phase by means of chromosome banding at high resolution［J］. Chromosome,1990, 99:273-280.

［201］ Milbourn D,Meyer R C. Isolation,characterisation and mapping of simple sequence repeat loci inpotato［J］. Mol Genet,1998,259:233-245.

［202］ 郝再彬. 植物生理实验技术［M］. 哈尔滨:哈尔滨出版社,2002.

［203］ Tanksley S D,Ganal M W,Prince J P,et al. High density molecular linkage maps of the tomato and potato genome［J］. Genetics, 1992, 132（4）: 1141-1160.

［204］ Williamson V M, Ho J Y, et al. A PCR-based marker tightly liked to the nematode resistance gene, M I, in tomato［J］. Theor Appl Genet,1994,87: 757-763.

［205］ Van Ooijen J W. JoinMap 4. 0 software for the calculation of genetic linkage maps in experimental populations ［J］. Plant Research International,

Wageningen, The Netherlands, 2006.

［206］WANG Jiankang, LI Huihui, ZHANG Luyan, et al. QTL IciMapping Version 3.2［M］. Institute of Crop Science Chinese Academy of Agricultural Sciences, 2012.

［207］唐启义. 实用统计分析及其计算机处理平台［M］. 北京：中国农业出版社, 1997.

［208］Gomez K A, Gomez A A. Statistical procedure for agricultural research, 2nd edition. New York：John Willey and Sons, 1984.

［209］过晓明, 张楠, 马代夫, 等. 盐胁迫对 5 种甘薯幼苗叶片叶绿素含量和细胞膜透性的影响［J］. 江苏农业科学, 2010, 38(3):93-94.

［210］商学芳. 不同基因型玉米对盐胁迫的敏感性及耐盐机理研究［D］. 泰安：山东农业大学, 2007.

［211］孙璐, 周宇飞, 李丰先, 等. 盐胁迫对高粱幼苗光合作用和荧光特性的影响［J］. 中国农业科学, 2012, 45(16):3265-3272.

［212］杨淑萍, 危常州, 梁永超. 盐胁迫对不同基因型海岛棉光合作用及荧光特性的影响［J］. 中国农业科学, 2010, 43(8):1585-1593.

［213］吴晓东, 王巍, 金路路, 等. 盐胁迫对棉花光合作用和生理指标的影响［J］. 中国棉花, 2013, 40(6):24-26.

［214］王雪青, 张俊文, 魏建华, 等. 盐胁迫下野大麦耐盐生理机制初探［J］. 华北农学报, 2007, 22(1):17-21.

［215］郭金耀, 杨晓玲. 矮牵牛耐盐生理特性研究［J］. 北方园艺, 2011(4):88-90.

［216］戚冰洁, 汪吉东, 马洪波, 等. 盐胁迫对不同基因型(品系)甘薯苗期光合特性的影响［J］. 生态学杂志, 2012, 31(12):3102-3108.

［217］杨国会, 石德成. NaCl 胁迫对甘草叶片相对含水量及保护酶活性的影响［J］. 河南农业科学, 2009(12):104-106.

［218］王爱玲,蔡军社,白世践,等. 葡萄砧木叶片含水量和相对含水量的研究
　　　　［J］. 天津农业科学,2013,19(2):16-18.

［219］温翠平,李威,漆智平,等. 水分胁迫对王草生长的影响［J］. 草业学报,
　　　　2012,21(4):72-78.

［220］罗芳芳,周睿,苏文华,等. 干旱对滇中高原典型植物含水量的影响［J］.
　　　　安徽农业科学,2012,40(26):12745-12747.

［221］许东河,李东艳,陈于和. 盐胁迫对大豆膜透性、丙二醛含量及过氧化物
　　　　酶活性的影响［J］. 华北农学报,1993,8(S1):78-82.

［222］秦景,董雯怡,贺康宁,等. 盐胁迫对沙棘幼苗生长与光合生理特征的影
　　　　响［J］. 生态环境学报,2009,18(3):1031-1036.

［223］孙国荣,关旸,阎秀峰. 盐胁迫对星星草幼苗保护酶系统的影响［J］. 草地
　　　　学报,2001,9(1):34-38.

［224］王丽燕,赵可夫. 玉米幼苗对盐胁迫的生理响应［J］. 作物学报,2005,31
　　　　(2):264-266.

［225］崔兴国,时丽冉,李明哲. 盐胁迫对不同品种夏谷幼苗抗氧化能力的影响
　　　　［J］. 江苏农业科学,2012,40(6):86-88.

［226］王宁,曹敏建,于佳林,等. NaCl 胁迫对不同耐盐性玉米幼苗膜质过氧化
　　　　及保护酶活性的影响［J］. 江苏农业科学,2009,37(4):101-104.

［227］孙方行,孙明高,魏海霞,等. NaCl 胁迫对紫荆幼苗膜脂过氧化及保护酶
　　　　活性的影响［J］. 河北农业大学学报,2006,29(1):16-19.

［228］李会珍,张志军,许玲,等. 离体条件下盐胁迫对马铃薯试管苗叶绿素含
　　　　量,脯氨酸累积和抗氧化酶活性的影响(英文)［J］. 浙江大学学报(农业
　　　　与生命科学版),2006,32(3):300-306.

［229］潘瑞炽,王小菁,李娘辉. 植物生理学［M］. 2 版. 北京:高等教育出版
　　　　社,2012.

［230］袁琳,克热木·伊力. 盐胁迫对阿月浑子可溶性糖、淀粉、脯氨酸含量的

影响[J].新疆农业大学学报,2004,27(2):19-23.

[231] 陈英华,严重玲,李裕红,等.盐胁迫下红海榄脯氨酸与活性氧代谢特征研究[J].厦门大学学报(自然科学版),2004,43(3):402-405.

[232] 赵福庚,刘友良,章文华.大麦幼苗叶片脯氨酸代谢及其与耐盐性的关系[J].南京农业大学学报,2002(2):7-10.

[233] 杜锦,向春阳.NaCl胁迫对玉米幼苗脯氨酸和可溶性蛋白质含量的影响[J].河南农业科学,2011,40(8):72-74,83.

[234] 张瑞玖.NaCl胁迫下马铃薯生理生化特性及氮素调控研究[D].呼和浩特:内蒙古农业大学,2007.

[235] 肖强,郑海雷,陈瑶,等.盐度对互花米草生长及脯氨酸、可溶性糖和蛋白质含量的影响[J].生态学杂志,2005,24(4):373-376.

[236] 王宁,曹敏建,于佳林.NaCl胁迫对玉米幼苗有机渗透调节物质的影响[J].玉米科学,2009,17(4):61-65,69.

[237] 李莉,韦翔华,王华芳.盐胁迫对烟草幼苗生理活性的影响[J].种子,2007,26(5):79-83.

[238] 杨颖丽,张菁,杨帆,等.盐胁迫对两种小麦渗透性调节物及脯氨酸代谢的影响[J].西北师范大学学报(自然科学版),2013,49(1):72-77,91.

[239] Bowler C,Van M,Inzc D. Superoxide dismutase and stress tolerance[J]. Annu Rev Plant Mol Bio,1992,43:83-116.

[240] 彭立新,周黎君,冯涛,等.盐胁迫对沙枣幼苗抗氧化酶活性和膜脂过氧化的影响[J].天津农学院学报,2009,16(4):1-4.

[241] Elhag A Z. Eignung von in vitro verfahreh zur charakterisierung der salztoleranz bei Solanum-arten [D]. Vom Fachbereich Gartenbau der University Hannover,1991.

[242] Morpurgo R. Correlation between potato clones grown in vivo and in vitro under sodium chloride stress conditions[J]. Plant Breed,1991,(1):80-82.

[243] Naik P S and Widholm J M. Comparison of tissue culture and whole plant responses to salinity in potato[J]. Plant Cell Tiss Org Cult, 1993, (3): 273-280.

[244] 许健, 高树仁, 崔美燕, 等. 苗期玉米对碱胁迫的生理响应[J]. 黑龙江八一农垦大学学报, 2009, 21(1):19-21.

[245] 李学强, 李秀珍. 盐碱胁迫对欧李叶片部分生理生化指标的影响[J]. 西北植物学报, 2009, 29(11):2288-2293.

[246] 张丽平, 王秀峰, 史庆华, 等. 黄瓜幼苗对氯化钠和碳酸氢钠胁迫的生理响应差异[J]. 应用生态学报, 2008, 19(8):1854-1859.

[247] 颜宏, 赵伟, 尹尚军, 等. 羊草对不同盐碱胁迫的生理响应[J]. 草业学报, 2006, 15(6):49-55.

[248] 乔枫, 耿贵工, 罗桂花. 梯度碱胁迫对蚕豆幼苗生理生化指标影响的研究[J]. 江西农业大学学报, 2011, 33(4):0655-0659.

[249] 杨国会, 石德成. 盐碱胁迫对甘草渗透及 pH 调节物质的影响[J]. 湖北农业科学, 2009, 48(4):901-903.

[250] 谢国生, 朱伯华, 彭旭辉, 等. 水稻苗期对不同 pH 值下 NaCl 和 $NaHCO_3$ 胁迫响应的比较[J]. 华中农业大学学报, 2005, 24(2):121-124.

[251] 颜宏, 石德成, 尹尚军. 盐、碱胁迫对羊草体内 N 及几种有机代谢产物积累的影响[J]. 东北师大学报(自然科学版), 2000, 32(3):47-51.

[252] 高庆义, 王宝山. 高粱叶中有机渗透调节物质对 NaCl 胁迫的响应[J]. 山东师大学报(自然科学版), 1998, 13(3):300-305.

[253] 曲元刚, 赵可夫. NaCl 和 Na_2CO_3 对玉米生长和生理胁迫效应的比较研究[J]. 作物学报, 2004(4):334-341.

[254] Petrusal M, Winicol L. Proline status in salt tolerant and saltsensitive alfalfa cell lines and plants in response to NaCl[J]. Plant Physiol Biochem, 1997 (35):303-310.

［255］杨科,张保军,胡银岗,等.混合盐碱胁迫对燕麦种子萌发及幼苗生理生化特性的影响［J］.干旱地区农业研究,2009,27(3):188-192.

［256］王锁民,朱兴运,王增荣.渗透调节在碱茅幼苗适应盐逆境中的作用初探［J］.草业学报,1993,2(3):40-46.

［257］闫永庆,王文杰,朱虹,等.混合盐碱胁迫对青山杨渗透调节物质及活性氧代谢的影响［J］.应用生态学报,2009,20(9):2085-2091.

［258］夏方山,董秋丽,董宽虎.碱胁迫对碱地风毛菊生长特性的影响［J］.草业与畜牧,2010(5):15-18.

［259］石连旋,胡勇军,宫亮,等.不同盐碱化草甸羊草越冬根茎中可溶性糖和蛋白研究［J］.东北师大学报(自然科学版),2008,40(2):88-92.

［260］王宝山.生物自由基与植物膜伤害［J］.植物生理学通讯,1988,24(2):12-16.

［261］葛才林,杨小勇,金阳,等.重金属胁迫对水稻不同品种超氧化物歧化酶的影响［J］.核农学报,2003,17(4):286-291.

［262］Vander Mescht A, Ronde J A, Rossouw F T. Cu-Zn superoxide dismutase, glutatione reductase and ascorbate, peroxidase levels, during drought stress in potato［J］. South African Journal of Science, 1998, 94(10):496-499.

［263］Martinez C A, Loureiroa M E, Oliva M A, et al. Differential responses of superoxide dismutase in freezing resistant Solanum curtilobum and freezing sensitive Solanum tuberosum subjected to oxidative and water stress［J］. Plant Science, 2001, 160:505-515.

［264］张桂菊,吴军,王玉忠,等. NaCl 胁迫对光蜡树幼苗保护酶系统的影响［J］.河南农业科学,2007,36(9):75-78

［265］Parida A K, Das A B. Salt tolerance and salinity effects on plants［J］. Ecotoxicology and Environmental Safety, 2005, 60:324-349.

［266］乔海龙,沈会权,陈和,等.大麦盐害及耐盐机理的研究进展［J］.核农学

报,2007,21(5),527-531.

[267] Gebhardt C,Li L,Pajerowska-Mukthar K,et al. A. Candidate gene approach to identify genes underlying quantitative traits and develop diagnostic markers in potato[J]. Crop Science,2007,47:106-111.

[268] Gebhardt C,Ritter E,Debener T,et al. RFLP analysis and linkage mapping in Solanum tuberosum [J]. Theoretical and Applied Genetics, 1989, 78 (1): 65-75.

[269] Grattapaglia D,Sederoff R. Genetic linkage maps of Eucalyptus grandis and Eucalyptus urophylla using a pseudo-testcross,mapping strategy and RAPD markers[J]. Genetics,1994,137(4):1121-1137.

[270] Dan an S,Chauvin J-E,Caramel B,et al. Major-effect QTLs for stem and foliage resistance to late blight in the wild potato relatives Solanum sparsipilum and S. spegazzinii are mapped to chromosome X[J]. Theoretical and Applied Genetics,2009,119(4):705-719.

[271] Kloosterman B,Anithakumari A M,Chibon P Y,et al. Organ specificity and transcriptional control of metabolic routes revealed by expression QTL profiling of source-sink tissues in a segregating potato population[J]. BMC Plant Biology,2012,7:12-17.

[272] Hans van Os,Sandra Andrzejewski,Erin Bakker,et al. Construction of a 10000marker ultra-dense genetic recombination map of potato:providing a framework for accelerated gene isolation and a genome-wide physical map [J]. Genetics,2006,173(2):1075-1087.

[273] Vander Lee T,Testa A,Robold A,et al. High-density genetic linkage maps of Phytophthora infestans reveal trisomic progeny and chromosomal rearrangements[J]. Genetics,2004,167(4):1643-1661.

[274] Lyttle T W. Segregation distorters[J]. Annu Rev Genet,1991,25:511-557.

［275］张德水,陈受宜,惠东威,等. 栽培大豆与半野生大豆杂种 F2 群体中 RFLP 标记偏分离及其形成原因的分析［J］. 遗传学报,1997,24(4)：362-367.

［276］刘峰,吴晓雷,陈受宜. 大豆分子标记在 RIL 群体中的偏分离分析［J］. 遗传学报,2000,27(10)：883-887.

［277］吴晓雷,贺超英、王永军,等. 大豆遗传图谱的构建和分析［J］. 遗传学报,2001,28(11)：1051-1061.

［278］严建兵,汤华,黄益勤,等. 玉米 F2 群体分析标记偏分离的遗传分析［J］. 遗传学报,2003,30(10)：913-918.

［279］Ma X F,Wanous M K,Houehins K,et al. Molecular linkage mapping in rye (*Secal cereale* L)［J］. Theor Appl Genet,2001,102：102：517-523..

［280］Xu Y,Zhu L,Xiao J,et al. Chromosomal regions associated with segregation distortion of molecular markers in F2, backcross, doubled haploid and recombinant inbred populations in rice(*Oryza sativa* L)［J］. Mol Gen Genet,1997,253(5)：535-545.

［281］Knox M R,Ellis T. Exeess heterozygosity contributes to genetic map expansion in pea recombinant inbred populations［J］. Geneties, 2002, 162(2)：861-873.

［282］Faure S,Noyer J L,Horry,et al. A molecular marker-based linkage map of diploid bananas［J］. Theor Appl Genet,1993,87(4)：517-526.

［283］Medina B,Fogelman E,Chani E,et al. Identification of molecular markers associated with leptine in reciprocal backeross families of diploid potato［J］. Theor Appl Genet,2002,105(6/7)：1010-1018.

［284］Rouppe V D,Voort J N,Van Eck H J,et al. Linkage analysis by genotyping of sibling populations：a genetic map fo rthe potato cyst nematode constructed using a "Pseudo—F2"mapping strategy［J］. Mol Gen Genet,1999,261(6)：

1021-1031.

[285] Van Eek H J，Jaeobs J M，Stam P，et al. Multiple alleles for tuber shape in diploid potato detected by qualitative and quantitative genetic analysis using RFLPs[J]. Geneties，1994，137（1）：303-309.

[286] 郑景生，江良荣，曾建敏，等. 应用明恢 86 和佳辐占的 F2 群体定位水稻部分重要农艺性状和产量构成的 QTL[J]. 分子植物育种，2003，1（S1）：633-639.

[287] 王付华. 水稻 RIL 群体 SSR 标记遗传图谱构建和耐冷相关性状 QTL 的定位[D]. 南京：南京农业大学，2006.

[288] 李瑞利. 两种典型盐生植物耐盐机理及应用耐盐植物改良盐渍土研究[D]. 天津：南开大学，2010.

[289] 彭智，李龙，柳玉平，等. 小麦芽期和苗期耐盐性综合评价[J]. 植物遗传资源学报，2017，18（4）：638-645.

[290] 尚玥，刘韬，吴丽军，等. 不同倍性小麦对盐胁迫的适应性差异[J]. 广西植物，2017，37（12）：1560-1571.

[291] 吴家富，杨博文，向珣朝，等. 不同水稻种质在不同生育期耐盐鉴定的差异[J]. 植物学报，2017，52（1）：77-88.

[292] 夏秀忠，张宗琼，杨行海，等. 广西地方稻种资源核心种质的耐盐性鉴定评价[J]. 南方农业学报，2017，48（6）：979-984.

[293] 张会丽，袁闯，朱林，等. 利用隶属函数值法对玉米成熟期耐盐性的综合评价[J]. 西北农林科技大学学报（自然科学版），2018，46（2）：47-55.

[294] 张海艳，赵海军. 不同品种玉米萌发期和苗期耐盐性综合评价[J]. 玉米科学，2016，24（5）：61-67.

[295] 张鹏，徐晨，徐克章，等. 大豆品种耐盐性的快速鉴定法及不同时期耐盐性的研究[J]. 中国油料作物学报，2013，35（5）：572-578.

[296] 姜静涵，关荣霞，郭勇，等. 大豆苗期耐盐性的简便鉴定方法[J]. 作物学

报,2013,39(7):1248-1256.

[297] 籍贵苏,杜瑞恒,刘国庆,等. 高粱耐盐性评价方法研究及耐盐碱资源的筛选[J]. 植物遗传资源学报,2013,14(1):25-30.

[298] 戴海芳,武辉,阿曼古丽·买买提阿力,等. 不同基因型棉花苗期耐盐性分析及其鉴定指标筛选[J]. 中国农业科学,2014,47(7):1290-1300.

[299] 刘瑞显,张国伟,杨长琴. 基于熵权理论的灰色关联度法在棉花耐盐性评价中的应用[J]. 核农学报,2017,31(2):402-409.

[300] Mendoza H A, Haynes F L. Genetic relationship among potato cultivars grown in the United States [J]. HortScience,1974,9:328-330.

[301] Haynes K G. Variance components for yield and specific gravity in a diploid potato population after two cycles of recurrent selection [J]. Am Potato J,2001,78:69-75.

[302] Shaterian J, Waterer D R, De Jong H, et al. Methodologies and traits for evaluating the salt tolerance in diploid potato clones. American Journal of Potato Research,2008,85:93-100.

[303] 姜丽丽,吴立萍,牟芮,等. 不同用途马铃薯离体条件下耐盐性鉴定[J]. 作物杂志,2015(6):59-63.

[304] 张景云,缪南生,白雅梅,等. 二倍体马铃薯耐盐材料的离体筛选[J]. 中国农学通报,2013,29(4):62-75.

[305] 周明扬. 马铃薯耐盐无性系的离体筛选[D]. 哈尔滨:东北农业大学,2015.

[306] 薛云云,白冬梅,田跃霞,等. 24 份山西花生资源芽期和苗期耐寒性鉴定[J]. 核农学报,2018,32(3):582-590.

[307] 赵明辉. 二倍体马铃薯的耐盐碱性及耐盐形态性状的 QTL 定位[D]. 哈尔滨:东北农业大学,2014.

[308] 朱世杨,张小玲,罗天宽,等. 花椰菜种质资源萌发期耐盐性综合评价

［J］.核农学报,2012,26(2)：380-390.

［309］彭玉梅,石国亮,崔辉梅.加工番茄幼苗期耐盐生理指标筛选及耐盐性综合评价[J].干旱地区农业研究,2014,32(5)：61-66.

［310］马育华.植物育种的数量遗传基础［M］.南京：江苏科学技术出版社,1982.

［311］郭建荣,郑聪聪,李艳迪,等.NaCl 处理对真盐生植物盐地碱蓬根系特征及活力的影响[J].植物生理学报,2017,53(1)：63-70.

［312］谷俊,耿贵,李冬雪,等.盐胁迫对植物各营养器官形态结构影响的研究进展[J].中国农学通报,2017,33(24)：62-67.

［313］Aina E,Prinzenberg,Marcela Víquez-Zamora,et al. Chlorophyll fluorescence imaging reveals genetic variation and loci for a photosynthetic trait in diploid potato[J]. Physiologia Plantarum,2018,164(2):163-175.

［314］Asish K P,Anath B D. Salt tolerance and salinity effects on plants：a review [J]. Ecotoxicology Environmental Safety,2005,60 (3):324-349.

［315］Gurmani A R,Khan S U,Mabood F. Screening and selection of synthetic hexaploidy wheat germplasm for salinity tolerance based on physiological and biochemical characters[J]. International Journal of Agriculture & Biology,2014,16:681-690.

［316］Lindhout P,Meijer D,Schotte T,et al. Towards F1 Hybrid Seed Potato Breeding[J]. Potato Research,2011,54：301-312.

［317］陈彦云,李紫辰,曹君迈,等.马铃薯脱毒苗对 NaCl 胁迫的响应及耐盐性评价[J].西南农业学报,2018,31 (10):2052-2059.

［318］陈业婷,李彩凤,赵丽影,等.甜菜耐盐性筛选及其幼苗对盐胁迫的响应[J].植物生理学通讯,2010,46(11):1121-1128.

［319］杜冰洁,张鹏葛,盛萍.新疆伊贝母有效成分含量与土壤、气候和遗传因子相关性分析[J].中国现代应用药学,2017,34 (6):789-793.

［320］段文学,张海燕,解备涛,等.甘薯苗期耐盐性鉴定及其指标筛选［J］.作物学报,2018,44（8）:1237-1247.

［321］高英波,张慧,薛艳芳,等.不同夏玉米品种耐盐性综合评价与耐盐品种筛选［J］.玉米科学,2020,28（2）:33-40.

［322］耿雷跃,马小定,崔迪,等.水稻全生育期耐盐性鉴定评价方法研究［J］.植物遗传资源学报,2019,20（2）:267-275.

［323］郭超,胡思远,郑青焕,等.部分美国小麦种质资源的耐盐性鉴定［J］.麦类作物学报,2015,35（8）:1076-1084.

［324］何晓兰,徐照龙,张大勇,等.65个高粱种质萌芽期的耐盐指标比较及其耐盐性综合评价［J］.植物资源与环境学报,2015,24（4）:52-60.

［325］何晓群.多元统计分析［M］.4版.北京:中国人民大学出版社,2015.

［326］李建武.SSR标记技术在马铃薯遗传育种研究中的应用［J］.中国蔬菜,2011（20）:1-8.

［327］李青,秦玉芝,胡新喜,等.马铃薯耐盐性离体鉴定方法的建立及52份种质资源耐盐性评价［J］.植物遗传资源学报,2018,19（4）:587-597.

［328］李颖,李广存,李灿辉,等.二倍体杂种优势马铃薯育种的展望［J］.中国马铃薯,2013,27（2）:96-99.

［329］刘吉利,常雯雯,张永乾,等.盐碱地不同柳枝稷品种的生理特性［J］.草业科学,2018,35（11）:2641-2649.

［330］刘谢香,常汝镇,关荣霞,等.大豆出苗期耐盐性鉴定方法建立及耐盐种质筛选.作物学报［J］,2020,46（1）:1-8.

［331］刘雅辉,王秀萍,张国新,等.棉花苗期耐盐生理指标的筛选及综合评价［J］.中国农学通报,2012,28（6）:73-78.

［332］吕萌荔.野生二粒小麦耐盐性鉴定及TtHKT1-5基因克隆与生物信息学分析［D］.杨凌:西北农林科技大学,2016.

［333］钮福祥,华希新,郭小丁,等.甘薯品种抗旱性生理指标及其综合评价初

探[J]. 作物学报,1996,22(4):392-398.

[334] 宋晓燕. 二倍体马铃薯栽培品种遗传多样性分析[D]. 南京:南京农业大学,2018.

[335] 孙东雷,卞能飞,陈志德,等. 花生萌发期耐盐性综合评价及耐盐种质筛选[J]. 植物遗传资源学报,2017,18(6):1079-1087.

[336] 孙永媛. 小麦耐盐生理及耐盐相关基因 TaNHX3 功能的初步研究[D]. 保定:河北农业大学. 2011.

[337] 佟昕,宋婕. 谈统计学中的相关与回归分析[J]. 辽宁经济管理干部学院(辽宁经济职业技术学院学报),2011(5):17-18.

[338] 王春娜,宫伟光. 盐碱地改良的研究进展[J]. 防护林科技,2004(5):38-41.

[339] 王娟. 对统计中相关分析与回归分析的论述[J]. 现代经济信息,2014,4(8):115.

[340] 王志春,梁正伟. 植物耐盐研究概况与展望[J]. 生态环境,2003,12(1):106-109.

[341] 王遵亲. 中国盐渍土[M]. 北京:科学出版社,1993.

[342] 魏永胜,梁宗锁,山仑,等. 利用隶属函数值法评价苜蓿抗旱性[J]. 草业科学,2005,22(6):33-36.

[343] 吴平,陈晓梅,丁宁,等. 4 种湿生植物苗期耐盐性综合评价[J]. 江苏农业科学,2014,42(9):148-150.

[344] 闫晶秋子,李钢铁,刘玉军,等. 基于主成分分析及隶属函数法的巨菌草幼苗耐盐碱性评价[J]. 浙江农业学报,2019,31(9):1531-1540.

[345] 张春芝. 二倍体马铃薯自交不亲和与自交衰退研究[D]. 北京:中国农业科学院,2018.

[346] 张国伟,路海玲,张雷,等. 棉花萌发期和苗期耐盐性评价及耐盐指标筛选[J]. 应用生态学报,2011,22(8):2045-2053.

[347] 张建锋,张旭东,周金星,等.世界盐碱地资源及其改良利用的基本措施[J].水土保持研究,2005(6):32-34,111.

[348] 张景云,缪南生,白雅梅,等.二倍体马铃薯耐盐品种鉴定的生理指标测定[J].植物生理学报,2013,49(9):889-894.

[349] 张林泉.相关分析与回归分析应用辨析[J].哈尔滨职业技术学院学报,2010,4(4):123-124.

[350] 张巧凤,陈宗金,吴纪中,等.小麦种质芽期和苗期的耐盐性鉴定评价[J].植物遗传资源学报,2013,14(4):620-626.

[351] 张毅,侯维海,冯西博,等.有色大麦种质芽期耐盐性鉴定[J].植物遗传资源学报,2019,20(3):564-573.

[352] 张宇,马乐,卢垚,等.茄子种质资源耐盐性鉴定及耐盐评价指标筛选[J].中国蔬菜,2018(9):14-23.

[353] 张招娟,周军爱,林羽立,等.马铃薯耐盐胁迫品种(系)的初步鉴定与筛选[J].中国农学通报,2018,34(8):15-22.

[354] 张兆辉,姜玉萍,陈春宏.瓠瓜种质资源主要果实性状的主成分与聚类分析[J].中国蔬菜,2018(8):38-43.

附　录

SSR 标记引物序列

引物名称	正引物 反引物	退火温度 T_m/℃	定位染色体
STI029	GACTGGCTGACCCTGAACTC GACAAAATTACAGGAACTGCAAA	60～54	2
SSR593	TGGCATGAACAACAACCAAT AGGAAGTTGCATTAGGCCAT	60～54	
SSR128	GGTCCAGTTCAATCAACCGA TGAAGTCCTCTCATGGTTCG	60～54	
SSR73	TGGGAAGATCCTGATGATGG TTCCCTTTCCTCTGGACTCA	60～54	
STI051	GGTCTCCATTAGCCCTCTGAC ACATAAATGGATCACACA	58～52	12
STI044	GAGAACCCCACCCACCAA GGTATTGTGCTTGAACAGCCA	60～54	8
STI022	TCTCCAATTACTTGATGGACCC CAATGCCATACACGTGGCTA	63	8
STI048	CGAGTCCGTGGATCTCACG GATTCCCGCCGGTAAAGC	60～54	8
STI049	GGAAGTCCTCAACTGGCTG TCAACTATATGCCTACTGCCCAA	60～54	5
STI019	TCCCTGTTGCCTTGAACAAT TGGGAAAAGGTACAAAGACGA	60	7

续表

引物名称	正引物 反引物	退火温度 T_m/℃	定位染色体
STI033	TGAGGGTTTTCAGAAAGGGA CATCCTTGCAACAACCTCCT	64	7
STI025	CTGCCGCAAAAAGTGAAAAC TGAATGTAGGCCAAATTTTGAA	60	7
STI005	CTAATTTGATGGGGAAGCGA CGGAGATAAAACCCAAGTCC	58～52	3
STI007	TATGTTCCACGCCATTTCAG ACGGAAACTCATCGTGCATT	60～54	12
STI008	CATCTCCTTCACCTGCTCCT CGACAAAGGAGGAAATCCAA	58～52	7
STI057	CCTTGTAGAACAGCAGTGGTC TCCGCCAAGACTGATGCA	60～54	9
STI060	ACTTCTGCATCTGGTGAAGC GGTCTGGATTCCCAGGTTG	60～54	3
STI024	CGCCATTCTCTCAGATCACTC GCTGCAGCAGTTGTTGTTGT	60～54	2
STI052	TCATCACAACGTGACCCCA GGGCTTGAATGATGTGAAGCTC	60～54	2
STI041	CTCTGTTTCTCTAATCGGCCGTA AAGCGTTGGCCACCGCCA	60～54	11
STI062	GGGGTCAAGCTCCATACG ACTAAAACCACAACCCATGAGC	60～54	1
STM3015	AGCAATAAAGTCAACACTCCATCA AATGAATTAGGGGGAGGTGTG	58～52	8
STM0024	CATTACCTTGTGAGATTAGATTG CATATAAGTAGGAATAGGAGGTTT	58～52	8
STG0014	GAATGTTTATCAGGGCAATGG GGAAGATAACAGGCACCCAA	60～54	
STM3010	TCATGAGTGCTGGTGCTACC GTCTTAACAGCAAATCAACAATGG	58～52	8

续表

引物名称	正引物 反引物	退火温度 T_m/℃	定位染色体
STM2005	TTTAAGTTCTCAGTTCTGCAGGG GTCATAACCTTTACCATTGCTGGG	62 ~ 56	11
STM5130	AAAGTACAGCGAAGATGACGAC TTACCTTTGCAACCTTGCC	58 ~ 52	11
STG0021	TGCCTACTGCCCAAAACATT ACTGGCTGGGAAGCATACAC	60 ~ 54	
STM5148	TCTTCTTGATGACAGCTTCG ACCTCAGATAGTTGCCATGTCA	58 ~ 52	4
STM1088	TGGGGCTTCTTTGAG TCCCATGGTTCACCA	58 ~ 52	7
STM1004	ATATGAAATTCTCTCGATGTTTCG TCAGCCCATAAAXCTTTAGTTACCT	60 ~ 54	
STM0052	TAGGCTCGGGTCATTACAATAA GCTCGCCTGTGTTTGTTGT	58 ~ 52	7
STM1003	CACTTAATATGGAATAGAGGAAGTA GAACTTATGCTTTATCATTCA	58 ~ 52	7
STM0030	AGAGATCGATGTAAAACACGT GTGGCATTTTGATGGATT	58 ~ 52	12
STM0050	TCAGAGGTTTTGTCACGTT TATATGGGACACACGTGC	60 ~ 54	
STM2028	TCTCACCAGCCGGAACAT AAGCTGCGGAAGTGATTTTG	58 ~ 52	12
STM3009	TCAGCTGAACGACCACTGTTC GATTTCACCAAGCATGGAAGTC	62 ~ 56	7
STM1040	AGTACTCAGTCAATCAAAG AGGTAAGTATGTTCTCCAG	60 ~ 54	
STM2007	GAAATGGCACAAATCAGCATT GCAGAAACAAGTAGAGAAGAAGCC	60 ~ 54	
STI023	GCGAATGACAGGACAAGAGG TGCCACTGCTACCATAACCA	60 ~ 54	10

引物名称	正引物 反引物	退火温度 T_m/℃	定位染色体
SSR223	TGGCTGCCTCTTCTCTGTTT TTTCTTGAAGGGTCTTTCCC	60～54	
STM3003	CATAAATCACTAAAACTAGATAACC TATTTCATATCAATGTCGAATCCC	60～54	
STM3016	TCAGAACACCGAATGGAAAAC GCTCCAACTTACTGGTCAAATCC	62～56	4
STM5136	GGGAAAAGGAAAAGCTCAA GTTTATATGAACCACCTCAGGCAC	60～54	
STG0016	AGCTGCTCAGCATCAAGAGA ACCACCTCAGGCACTTCATC	60～54	
STI012	GAAGCGACTTCCAAAATCAGA AAAGGGAGGAATAGAAACCAAAA	58～52	4
STI002	ACAGGAATCACACCTGCACA TTCAACATCCGCCTCTCATA	60～54	9
STI004	GCTGCTAAACACTCAAGCAGAA GAACTACAAGATTCCATCCACAG	60～54	6
STI011	TGGTGTGCACAAACTTAAGAGG GAGGAGATCACAATTCC17TGA	60～54	6
STI013	CCACTTCCTCCAC7TCCAAA CCATGGTTCACCAACTAGA	60～54	3
STI014	AGAAACTGAGTTGTGITTOTGA TCAACAGTCTCAGAAAACCCTC	60～54	9
STI015	GCATGTCTTCGAAGGTACGTTTA TTCTTCACAGCAGCAAGGT	60～54	6
STI018	CCACTACTGCTTCCTCCACC GCAGCAACAACAAGCTCAAC	60～54	11
STI023	GCGAATGACAGGACAAGAGG TGCCACTGCTACCATAACCA	60～54	10
STI029	GACTGGCTGACCCTGAACTC GACAAAATTACAGGAACTGCAAA	60～54	2

续表

引物名称	正引物 反引物	退火温度 T_m/℃	定位染色体
STI031	AGGCGCACTTTAACTTCCAC CGGAACAAATTGCTCTGATG	60 ~ 54	1
STI039	GATTGATCCAATCACGCACA AATTATTCGCGCAATTAGTA	60 ~ 54	11
STI040	TCTTTCCCTTTTTATCCTCACTG GGGATTGGTTTGAAGTAGTTG	60 ~ 54	7
STI043	CAATGCGAATGTTGCTACTGGT ATCCACCAAGACCTCCAGAA	60 ~ 54	1
STI045	CTGTACCCATTACTTCTCTGCTGA GCAACTTTGAAGGGTGTTTGC	60 ~ 54	6
STI046	CAGAGGATGCTGATGGACCT GGAGCAGTTGAGGGCTTCTT	60 ~ 54	11
STI047	ACTGCTGTGGTTGGCGTC ACGGCATAGATTTGGAAGCATC	60 ~ 54	8
STI055	CCGTTGATGGGATTGCACA TGATATTAACCATGGCAGCAGC	60 ~ 54	4
STI056	GACAGAGAATATGGGACCACCA GCAGCACCTTAAATGGCTGAC	60 ~ 54	2
STI058	CAAGCACGTTACAACAAGCAA TTGAAGCATCACATACACAAACA	60 ~ 54	5
STI064	CAAATTCTCCCCATTTTGGA AACCGATTCAAAAACCCTCA	60 ~ 54	7
STI020	GACGCAGAACTCATCTTGTTTCA GCAAAATTTGAAAAACTATGGATG	60	4
STI028	ATACCCTCCAATGGGTCCTT CTTGGAGATTTGCAAGAAGAA	60	11
STI030	TTAGCCCTCCAACTATAGATTCTTC TGACAACTTTAAAGCATATGTCAGC	60	12
STI006	CTTTAGTCCTTGGCAGAGCTT CGGGCTGATTCTTCTTCATC	62 ~ 56	5

引物名称	正引物 反引物	退火温度 T_m/℃	定位染色体
STI026	CAACGCTACTCAATGGCTCA ACAACTCTAGAACGAGAGGAACA	62～56	4
STI027	CGCAAATCTTCATCCGATTC TCCGGCGGATAATACATGTT	62～56	8
STI032	TGGGAAGAATCCTGAAATGG TGCTCTACCAATTAACGGCA	64～60	5
STI017	TATGGAAATTCCGGTGATGG GACGGTGACAAAGAGGAAGG	65～53	11
STM2013	TTCGGAATTACCCTCTGCC AAAAAAAGAACGCGCACG	58～52	7
STM5109	ACAGCTTTACTCTGCTCAACAA TGACGGCGTTATTACAAAC	58～52	11
STM1100	GCTTCGCCATCTTAATGGTTA TCTTCGAAGGTACGTTTAGACAA	58～52	11
STM2030	TCTTCCCAAATCTAGAATACATGC AAAGTTAGCATGGACAGCATTTC	58～52	1
STM0001	AGTATTCAACCCATTGACTTGGA TAGACAAGCCAAGCTGGAGAA	58～52	6
STM0028	CATAAATGGTTATACACGCTTTGC TAATGGAGTTCCTGAAAAGAAAGG	58～52	7
STM0031	TCAACCTATCATTTTGTGAGTCG CATACGCACGCACGTACAC	58～52	7
STM1049	CTACCAGTTTGTTGATTGTGGTG AGGGACTTTAATTTGTTGGACG	58～52	1
STM3011	GTGTGGTTGATTGATTGATTTAGC GTTTTTAGGCAGTTCTTGGGG	58～52	2
STM3018	CCAAAAGTCCGGCAAACTT CCATATGAGGCCCCTTTTTAC	58～52	2
STM3023	AAGCTGTTACTTGATTGCTGCA GTTCTGGCATTTCCATCTAGAGA	58～52	4

续表

引物名称	正引物 反引物	退火温度 T_m/℃	定位染色体
STM2022	GCGTCAGCGATTTCAGTACTA TTCAGTCAACTCCTGTTGCG	58～52	2
STM1005	ATGCCTCTTACGAATAACTCGG CAGCTAACGTGGTTGGGG	62～56	8
STM1069	ATGCTAACTTGGACACTTA AGTCTCTCAGGAGGATTAC	58～52	3
STM0010	TCCTTATATGGAGCAAGCA CCAGTAGATAAGTCATCCCA	58～52	9
STM0007	GGACAAGCTGTGAAGTTTAT AATTGAGAAAGAGTGTGTGTG	58～52	12
STM1055	CACAACCAACAAGGTAAATG TGTGTTAGACACCTTATTACTACG	58～52	8
STM1053	TCTCCCCATCTTAATGTTTC CAACACAGCATSCAGATCATC	58～52	3
STM1105	AAACCTGCTACAAATAAGGC CAGAAATAATTGGAGGAGATG	58～52	8
STM1008	GTACACAGCAAAATAGCAAG TAGACACTCTCACATCCACT	58～52	2,4,6
STM1052	CAATTTCGTTTTTTCATGTGACAC ATGGCGTAATTTGATTTAATACGTAA	58～52	7
STM5140	GCTAITGTTGCAGATAATACG GCCATGCACTAATCTTTGA	58～52	4
STM0013	AACTATCAACTAAATGCCTTTTT TTAATATTTTTTACTCGGCTATTG	58～52	5
STM0014	CAGTCTTCAGCCCATAGG TAAACAATGGTAGACAAGACAAA	58～52	7,8,12
STM0017	ATCATGATGACACCTACTATAACC TCCACACCTCTATCTGTTGA	58～52	9
STM0040	GCAATAATGGCCAACACTTC TGGGAAATGTTAGTCAAAAATAGC	58～52	3,8,12

续表

引物名称	正引物 反引物	退火温度 T_m/℃	定位染色体
STM0051	TACATACATACACACACGCG CTGCAACTTATAGCCTCCA	58 ~ 52	10
STM1001	TCAACAGTGCATTTGAATTATCG TCACCTTTTCATAGTTCAGCTAGG	58 ~ 52	8
STM1024	ATACAGGACCTTAATTTCCCCAA TCAAAACCCAATTCAATCAAATC	58 ~ 52	8
STM3012	CAACTCAAACCAGAAGGCAAA GAGAAATGGGCACAAAAAACA	58 ~ 52	9
STM1029	AGGTTCACTCACAATCAAAGCA AAGATTTCCAAGAAATTTGAGGG	58 ~ 52	1
STM1031	TGTGTTTGTTTTTCTGTAT AATTCTATCCTCATCTCTA	54 ~ 48	5
STM1057	TTATGTTTCGGTTAAAATGTA AAATTAAATGGAAGACAACC	54 ~ 48	8
STM1017	GACACGTTCACCATAAAA AGAAGAATAGCAAAGCAA	54 ~ 48	9
STM0037	AATTTAACTTAGAAGATTAGTCTC ATTTGGTTGGGTATGATA	58 ~ 52	11
STM1020	TTCGTTGCTTACCTACTA CCCAAGATTACCACATTC	58 ~ 52	3,5
STM1045	GAAGTTTTATCAGAATCC ATCACCTCATCAGCAATC	58 ~ 52	2,12
STM1064	GTTCTTTTGGTGGTTTTCCT TTATTTCTCTGTTGTTGCTG	58 ~ 52	3
STM1058	ACAATTTAATTCAAGAAGCTAGG CCAAATTTGTATACTCAA	58 ~ 52	3
STM0038	AACTCTAGCAGTATTTGCTTCA TTATTTAGCGTCAAATGCATA	58 ~ 52	2
STM1025	ATTTCGTTGCTTACCTACTA AACCCAAGATTACCACATTC	58 ~ 52	3

续表

引物名称	正引物 反引物	退火温度 T_m/℃	定位染色体
STM0003	AATTGTAACTCTGTGTGTGTG GGAGAATCATAACAACCAG	58～52	12
STM1043	ATTTGAATTGAAGAACTTAATAGAA CACAAACAAAATACTGTTAACTCA	58～52	9
STM1056	AGGTAAGTTTTATTTTCAATTGC GGGTATGGGAATAGGTAGTTT	58～52	6,8,10
STM0025	GTTCATGATTGTGAATGCTC ATGACTCAACCCCAAATG	58～52	11
STM0032	GGCTGCAGGAATTATGTGTTC GATGTAAAACACGTGTGCGTG	62～56	12
STM0004	CGAGGGCGTAAACTCATGATA AGGTTATTGTGGACACAGTCTTCA	62～56	7
STM1104	TGATTCTCTTGCCTACTGTAATCG CAAAGTGGTGTGAAGCTGTGA	62～56	8
STM1030	GTTCATTCGGATAGACTTGAGACA TGCAAATACTCTAGAGCAAGAAG	62～56	2
STM1106	TCCAGCTGATTGGTTAGGTTG ATGCGAATCTACTCGTCATGG	62～56	10
STM2020	CCTTCCCCTTAAATACAATAACCC CATGGAGAAGTGAAAACGTCTG	62～56	1
STM1021	GGAGTCAAAGTTTGCTCACATC CACCCTCAACCCCCATAT	62～56	9
STM1051	TCCCCTTGGCATTTTCTTCTCC TTTAGGGTGGGGTGAGGTTGG	62～56	9
STM3001	ATCGGAGCACCCATCGGAAG GATCGCCCAAATCGGTTGAG	62～56	2
STPoAc58	TTGATGAAAGGAATGCAGCTTGTG ACGTTAAAGAAGTGAGAGTACGAC	62～56	5
STM2012	GCGGCCGCTTCTCAGCCAA TCTCGTTCAATCCACCAGATC	62～56	10